自旋相干态变换及量子—经典对应理论

辛俊丽　著

中国原子能出版社

图书在版编目(CIP)数据

自旋相干态变换及量子—经典对应理论 / 辛俊丽著
. — 北京 : 中国原子能出版社，2021.9（2025.3重印）
ISBN 978-7-5221-1629-7

Ⅰ. ①自… Ⅱ. ①辛… Ⅲ. ①量子论-研究 Ⅳ.
①O413

中国版本图书馆 CIP 数据核字(2021)第213506号

内容简介

本书内容共有五章：第一章介绍了自旋相干态，提出用自旋相干态变换的方法，求解含时演化系统的几何相，以及自旋相干叠加构造与经典相对应的宏观量子态。第二章介绍了泊松括号与量子对易关系、费曼路径积分与经典作用量、Hamilton-Jacobi 方程与薛定谔波动方程、量子 Berry 相和经典 Hannay 角等常见的量子—经典对应理论。第三章通过一局域磁通垂直穿过二维中心势场这一模型，研究角动量的分数量子化，磁通规范场的作用，使用自旋相干态变换分析了经典—量子对应。第四章介绍了中性自旋 1/2 粒子对于均匀变化磁场和轴对称电荷电场的自旋轨道耦合及量子—经典对应理论。第五章分析了周期驱动二维各向异性谐振子和旋转平移谐振子势场中经典 Hannay 角和量子 Berry 相、以及量子—经典轨道的对应。

本书适合物理类及相关专业的本科生、研究生、教师以及对自旋相干态变换和量子—经典对应理论感兴趣的非物理专业学生。

自旋相干态变换及量子—经典对应理论

出版发行 中国原子能出版社(北京市海淀区阜成路 43 号　100048)
责任编辑 胡晓彤
责任印制 赵　明
装帧设计 侯怡璇
印　　刷 北京天恒嘉业印刷有限公司
开　　本 787 mm×1092 mm　1/16
印　　张 9. 375　　**字　数** 234 千字
版　　次 2021 年 9 月第 1 版　2025 年 3 月第 2 次印刷
书　　号 ISBN 978-7-5221-1629-7　　**定　价** 98. 00 元

网址：http://www. aep. com. cn　　E-mail：atomep123@126. com
发行电话：010-68452845

PREFACE 前言

自量子力学诞生以来，物理学家在量子—经典对应理论和实验方面做了大量的探索。普朗克指出玻尔对应原理的核心：在普朗克常数趋于零的极限下，量子物理学将退化为经典物理学。1924 年，海森伯尝试用数学形式解释玻尔对应原理，随之得出海森伯对应原理。随后，狄拉克具体分析了泊松括号与量子对易关系、费曼研究了路径积分与经典作用量、薛定谔推导了波动方程与 Hamilton-Jacobi 方程、Berry 和 Hannay 相继研究了量子 Berry 相和经典 Hannay 角等常见的量子—经典对应关系。在实验上，台湾交通大学陈永福教授研究小组发现激光腔中高频简并高阶横向模式的激光能很好地局域于 Lissajous 轨道上，为量子—经典对应提供了有效实验依据。

自旋相干态是一具有确定量子—经典对应的宏观量子态。自 2010 年开始，作者致力于量子基础理论的研究，本书结合作者博士期间的研究课题和成果，从理论上提出用自旋相干态变换的方法，求解含时演化系统的几何相，以及自旋相干叠加构造与经典相对应的宏观量子态。本书内容源于作者多年来的研究成果，多数图像引自近年来发表的学术论文。全书共分五章，首先介绍了自旋相干态变换以及利用相干态叠加构造局域于经典轨道上的宏观量子态函数的方法；接着，在二维中心势场中，通过量子—经典轨道具有相同的旋转对称性，得出分数角动量和分析了磁通规范场的作用；然后，通过研究中性自旋粒子自旋轨道耦合，得出自旋运动、轨道运动的量子—经典对应；最后，对于含时的二维各向异性谐振子在广义规范变换过程中，薛定谔方程形式不变，发现经典 Hannay 角和量子 Berry 相之间存在一定的对应关系，使用 SU(2) 相干叠加态，得到量子—经典轨道和几何相的同时对应。

本书编著过程中，得到了运城学院物理与电子工程系领导和同事的大力支持。读博期间，山西大学梁九卿教授、聂一行教授等给予了很多帮助，并提出了宝贵建议。同时，本书出版得到了山西省教育科学“十三五”规划项目(HLW-20107)、山西省教学改革创新项目(J2021595)、国家青年科学基金(Grant No. 11505150)和运城学院博士启动基金(097-071907)以及运城学院物理与电子工程系培育学科建设的资助，在此一并感谢。

由于水平有限，课题相关理论和实验仍处于不断发展和更新中，书中难免有疏漏和不妥之处，恳请同行和读者及时反馈于我，以便再版时修订。

辛俊丽
2021 年 6 月

CONTENTS 

第一章　自旋相干态

"相干"一词最早来源于量子光学(例如相干辐射)。早在 1926 年，量子力学建立之初，薛定谔研究量子态的过程中，发现谐振子位置算符在相干态上的平均值随时间的演化与经典运动非常的相似[1]。然而，在薛定谔工作之后的 30 多年里，关于谐振子这个领域的研究一直没有新的进展。直到 20 世纪 60 年代初期，Klauder，Glauber 和 Sudarshan 再次提出相干态的概念[2-4]。从此之后，相干态的最小测不准性和超完备性等性质便再次引起了人们的注意，同时相干态解决了用量子电动力学研究光学中遇到的数学困难，大大促进了量子光学的发展，进而广泛地应用到核物理，原子物理，凝聚态物理、量子场论和量子信息等领域。随后，他们又通过构造谐振子湮灭算符和产生算符的本征态，研究了量子光学中重要的课题之一——电磁场关联函数。几乎同时，Glauber、Sudarshan 和 Klauder 还发展了一套可以用任意 Lie 群表示的相干态[2-6]。这样相干态就不再受限于谐振子，可以广泛地应用到所有的物理问题。

20 世纪 70 年代，Radcliffe，Gilmore 和 Perelomov 提出了 SU(2) 自旋相干态，又称之为原子相干态或 Bloch 相干态[5,7]。同时，SU(2) 自旋相干态称呼的多样化，也反映了其在量子物理中应用的广泛性。另外，SU(2) 自旋相干态是建立在 SO(3) 群或它的覆盖群 SU(2) 群的不可约表示基础之上，是一种宏观量子态，具有确定的量子—经典对应。本章主要介绍相干态的定义、物理性质和自旋相干态的定义、性质、构造、路径积分以及用自旋相干态变换求解含时系统的几何相等。

1.1　相干态

1.1.1　相干态的定义

一般情况下，将谐振子湮灭算符 $\hat{a}$ 的本征态 $|\alpha\rangle$ 定义为相干态，即

$$\hat{a}|\alpha\rangle=\alpha|\alpha\rangle \tag{1.1}$$

湮灭算符 $\hat{a}$ 是非厄米算符，所以其本征值 α 为复数。

接着，我们将相干态 $|\alpha\rangle$ 按谐振子粒子数算符 $\hat{a}^{+}\hat{a}$ 本征态 $\{|n\rangle\}$ 进行展开，可写为

$$|\alpha\rangle=\sum_{n}|n\rangle\langle n|\alpha\rangle=\sum_{n}c_{n}(\alpha)|n\rangle \tag{1.2}$$

其中 $\sum_{n}c_{n}(\alpha)=\langle n|\alpha\rangle$ 表示粒子数态与相干态表象间的变换函数。根据相干态归一化要求 $\langle\alpha|\alpha\rangle=1$，得出相干态在粒子数态下的表示形式为[8]

$$|\alpha\rangle=\exp\left(-\frac{1}{2}|\alpha|^{2}\right)\sum_{n}\frac{\alpha^{n}}{\sqrt{n!}}|n\rangle=\exp\left(-\frac{1}{2}|\alpha|^{2}\right)\exp(\alpha a^{+})\sum_{n}\frac{\alpha^{n}}{\sqrt{n!}}|0\rangle \tag{1.3}$$

通常情况下，这种相干态也可以通过位移算符作用于真空态产生，即

$$|\alpha\rangle=D(\alpha)|0\rangle \tag{1.4}$$

下面我们引入位移算符，形式如下：

$$D(\alpha)=\exp(\alpha\hat{a}^{+}-\alpha^{*}\hat{a}) \tag{1.5}$$

位移算符具有下面的性质

①位移算符满足归一化条件，即

$$D(\alpha)D^{+}(\alpha)=1$$

②具有平移特性：对算符 $\hat{a}(\hat{a}^{+})$ 的作用相当于使其平移一个复数 $\alpha(\alpha^{*})$

$$\begin{aligned}D^{+}(\alpha)\hat{a}D(\alpha)&=\hat{a}+\alpha\\D^{+}(\alpha)\hat{a}^{+}D(\alpha)&=\hat{a}^{+}+\alpha^{*}\end{aligned} \tag{1.6}$$

③对于任一算符函数 $f(\hat{a},\hat{a}^{+})$ 有

$$D^{+}(\alpha)f(\hat{a},\hat{a}^{+})D(\alpha)=f(\hat{a}+\alpha,\hat{a}^{+}+\alpha^{*}) \tag{1.7}$$

④位移算符 $D(\alpha)$ $(D^{+}(\alpha))$ 相当于相干态 $|\alpha\rangle$ 的产生和湮灭算符

$$\begin{aligned}D(\alpha)|0\rangle&=|\alpha\rangle\\D^{+}(\alpha)|\alpha\rangle&=|0\rangle\end{aligned} \tag{1.8}$$

1.1.2 相干态的物理性质

①相干态是最接近经典极限的量子态[9]

考虑谐振子粒子数态 $|n\rangle$，Fock 态在坐标表象中的波函数表示为

$$\varphi_{n}(q)=\langle q|n\rangle \tag{1.9}$$

引入谐振子产生和湮灭算符

$$\hat{a}=\sqrt{\frac{1}{2\hbar w}}\left(w\hat{q}+\hbar\frac{\partial}{\partial\hat{q}}\right),\ \hat{a}^{+}=\sqrt{\frac{1}{2\hbar w}}\left(w\hat{q}-\hbar\frac{\partial}{\partial\hat{q}}\right) \tag{1.10}$$

对于真空态，

$$\hat{a}\varphi_0(q)=\left(w\hat{q}+\hbar\frac{\partial}{\partial\hat{q}}\right)\varphi_0(\hat{q})=0 \tag{1.11}$$

所以，很容易得出真空态下波函数的解为

$$\varphi_0(q)=\left(\frac{w}{\pi\hbar}\right)^{\frac{1}{4}}\exp\left(-\frac{wq^2}{2\hbar}\right) \tag{1.12}$$

利用公式(1.10)，在坐标表象中，高阶本征函数可以表示成

$$\begin{aligned}\varphi_n(\hat{q})&=\frac{(\hat{a}^+)^n}{\sqrt{n!}}\varphi_0(\hat{q})=\frac{1}{\sqrt{n!}}\frac{1}{(2\hbar w)^{n/2}}\left(w\hat{q}-\hbar\frac{\partial}{\partial\hat{q}}\right)^n\varphi_0(\hat{q})\\&=\frac{1}{(2^n n!)^{1/2}}H_n(\sqrt{\hbar w}\,\hat{q})\,\varphi_0(\hat{q})\end{aligned} \tag{1.13}$$

其中 H_n 是 Hermite 多项式，波函数满足正交归一化条件，因此

$$\int_{-\infty}^{\infty}\varphi_n^*(\hat{q})\varphi_m(\hat{q})\,dq=\delta_{nm} \tag{1.14}$$

坐标和动量以及它们的平方在粒子数态下的平均值

$$\begin{aligned}&\langle\hat{q}\rangle=\langle\hat{p}\rangle=0\\&\langle\hat{q}^2\rangle=\frac{\hbar}{w}\left(n+\frac{1}{2}\right)\\&\langle\hat{p}^2\rangle=\hbar w\left(n+\frac{1}{2}\right)\end{aligned} \tag{1.15}$$

因此，可以得到坐标与动量的测不准量为

$$\begin{aligned}(\Delta p)^2&=\langle p^2\rangle-\langle p\rangle^2=\hbar w\left(n+\frac{1}{2}\right)\\(\Delta q)^2&=\langle q^2\rangle-\langle q\rangle^2=\frac{\hbar}{w}\left(n+\frac{1}{2}\right)\end{aligned} \tag{1.16}$$

经过计算，测不准量满足测不准关系

$$\Delta p\Delta q=\left(n+\frac{1}{2}\right)\hbar \tag{1.17}$$

由此可见最小测不准态是基态 $\varphi_0(q)$ ，最小值为 $\frac{\hbar}{2}$ 。接着我们通过简谐振动且保持最小测不准波包形状不变，假设在$t=0$ 时刻，波函数 $\psi(q,\ 0)$ 具有最小测不准波包形式，只是在 $+q$ 方向上有一个位移量 q_0，于是有

$$\psi(q,\ 0)=\left(\frac{w}{\pi\hbar}\right)^{1/4}\exp\left[-\frac{w}{2\hbar}(q-q_0)^2\right] \tag{1.18}$$

该波包随时间变化可以从薛定谔方程得到，即

$$i\hbar \frac{\partial}{\partial t}\psi(q,\ t) = \left(-\frac{\hbar^2}{2}\frac{\partial^2}{\partial q^2} + \frac{w^2 q^2}{2}\right)\psi(q,\ t)$$

$$\psi(q,\ t) = \sum_n a_n \varphi_n(q)\, \mathrm{e}^{-iE_n t/\hbar} \tag{1.19}$$

$$E_n = \left(n + \frac{1}{2}\right)\hbar w$$

因此，波函数几率密度随时间的变化为[8]

$$|\psi(q,\ t)|^2 = \left(\frac{w}{\pi\hbar}\right)^{1/2} \exp\left[-\frac{w}{\hbar}(q - q_0\cos wt)^2\right] \tag{1.20}$$

即：相干态不是定态，波函数的几率密度是一个围绕$q=0$点振荡的 Gauss 波包，该波包在谐振子势场中来回做简谐振动而形状不变，因此是相干的。该波包具有最小测不准关系，与谐振子的振动规律相同，是最接近经典场的量子力学表达式。因此，相干的最小测不准波包可以写成

$$\psi(q,\ 0) = \exp\left(-\frac{1}{2}|\alpha|^2\right) \sum_n \frac{\alpha^n}{\sqrt{n!}} \langle q | n\rangle \tag{1.21}$$

其中$\alpha = (w/2\hbar)^{1/2} q_0$，$\varphi_n(q) = \langle q | n\rangle$。因此，最小测不准波包即为相干态在坐标表象中的表达式

$$\psi_\alpha(q) = \psi(q,\ 0) = \langle q | \alpha\rangle \tag{1.22}$$

接下来，我们在坐标表象中，得出相干态的最小测不准关系，从而进一步说明相干态是最小测不准的量子态，也是最接近经典极限的量子态。

由相干态的定义式(1.1)和方程(1.10)可知，

$$\langle q | \hat{a} | \alpha\rangle = \alpha\langle q | \alpha\rangle = \alpha\psi_\alpha(q)$$

即

$$\frac{1}{\sqrt{2\hbar w}}\left[wq + \hbar\frac{\partial}{\partial q}\right]\psi_\alpha(q) = \alpha\psi_\alpha(q) \tag{1.23}$$

由波函数的归一化条件$\int_{-\infty}^{\infty} |\psi_\alpha(q)|^2 \mathrm{d}q = 1$，可得波函数的表达式为

$$\psi_\alpha(q) = \left(\frac{w}{\pi\hbar}\right)^{1/4} \exp[(\mathrm{Im}\alpha)^2] \exp\left\{-\frac{w}{\pi\hbar}\left[q - \left(\frac{2\hbar}{w}\right)^{1/2}\alpha\right]^2\right\} \tag{1.24}$$

要计算相干态下q和p的测不准关系，必须首先计算q和p的在相干态下的平均值，所以有

$$\langle q\rangle = \sqrt{\frac{\hbar}{2w}}\langle\alpha | (\hat{a} + \hat{a}^+) | \alpha\rangle = \sqrt{\frac{\hbar}{2w}}(\alpha + \alpha^*)\ ,\ \langle p\rangle = i\sqrt{\frac{\hbar}{2w}}(\alpha - \alpha^*) \tag{1.25}$$

$$\langle q^2\rangle = \frac{\hbar}{2w}\langle\alpha|(\hat{a}^{+2}+\hat{a}^2+\hat{a}\hat{a}^{+}+\hat{a}^{+}\hat{a})|\alpha\rangle = \frac{\hbar}{2w}(\alpha^{*2}+\alpha^2+2\alpha^{*}\alpha+1)$$
$$\langle p^2\rangle = -\frac{\hbar}{2w}\langle\alpha|(\hat{a}^{+2}+\hat{a}^2-\hat{a}\hat{a}^{+}-\hat{a}^{+}\hat{a})|\alpha\rangle = -\frac{\hbar}{2w}(\alpha^{*2}+\alpha^2-2\alpha^{*}\alpha-1)$$
$$(1.26)$$

根据方程(1.15)，计算得到

$$\langle(\Delta q)^2\rangle = \frac{\hbar}{2w},\ \langle(\Delta p)^2\rangle = \frac{\hbar w}{2} \tag{1.27}$$

由测不准原理，可得

$$\langle\Delta q\Delta p\rangle = \frac{\hbar}{2} \tag{1.28}$$

上式表明相干态就是最小测不准量子态，也是量子理论所得到的最接近经典极限的量子态。因此，研究经典—量子对应问题时，相干态经常被选用。

②相干态的完备性和非正交性

因为相干态组成了一个完备集，所以利用极坐标对整个复变函数平面积分，很容易证明相干态满足以下的完备性关系：

$$\frac{1}{\pi}\int|\alpha\rangle\langle\alpha|\,\mathrm{d}^2\alpha = 1 \tag{1.29}$$

同时，我们也可证明相干态满足

$$\langle\alpha|\alpha'\rangle = \exp\left(-\frac{1}{2}|\alpha|^2+\alpha'\alpha^{*}-\frac{1}{2}|\alpha'|^2\right) \tag{1.30}$$

从而有

$$|\langle\alpha|\alpha'\rangle|^2 = \exp(-|\alpha-\alpha'|^2) \tag{1.31}$$

由上式可知，当 $\alpha=\alpha'$ 时，$|\langle\alpha|\alpha'\rangle|^2=1$；当 $\alpha\neq\alpha'$ 时，$|\langle\alpha|\alpha'\rangle|^2\neq 0$，所以相干态并非正交系。只有当 $\alpha\gg\alpha'$ 时，即它们在复平面上的点间距远远大于1，两个相干态重叠很小时，可以认为是正交的。由这个性质证明，相干态能够使用其他形式的相干态进行展开，即

$$|\alpha\rangle = \frac{1}{\pi}\int\mathrm{d}^2\alpha'\,|\alpha'\rangle\langle\alpha'|\alpha\rangle \tag{1.32}$$

这就是相干态的超完备性[9]。

1.1.3 相干态表象

由于相干态互不正交，所以很长一段时间内许多物理学家认为相干态不能作为表象的基底来考虑。现在我们非常清楚，能否作为表象的基底，主要看态矢量是否具有完备性，正交性不是其必要条件。从前面相干态性质可以看出，相干态

虽然不正交，但是具有超完备性，自然可以作为表象的基底。另外，使用相干态表象，可将量子理论中力学量的期待值计算变为普通的复数函数计算，算符方程过渡到复数的函数运动方程。

另外，Fock 空间中的态总可以表示为

$$|f\rangle = \sum_n c_n |n\rangle = \frac{c_n}{\sqrt{n!}} a^{+n} |0\rangle \equiv f(a^+)|0\rangle \tag{1.33}$$

$$\therefore \qquad f(x) = \sum_n \frac{c_n}{\sqrt{n!}} x^n$$

其中 $f(x)$ 是纯函数。任意态在相干态中的表示为

$$\langle z|f\rangle = \langle z|f(a^+)|0\rangle = f(z^*)\langle z|0\rangle = f(z^*)\mathrm{e}^{-\frac{1}{2}|z|^2} \tag{1.34}$$

反过来

$$|f\rangle = \frac{1}{\pi}\iint \mathrm{d}^2 z |z\rangle\langle z|f\rangle = \frac{1}{\pi}\iint \mathrm{d}^2 z f(z^*)\mathrm{e}^{-\frac{1}{2}|z^2|}|z\rangle \tag{1.35}$$

$$f(z^*) = \langle z|f\rangle \mathrm{e}^{\frac{1}{2}|z|^2} \tag{1.36}$$

方程(1.35)和(1.36)就是相干态表象下的态矢量表示，我们可以发现态矢量 $|f\rangle$ 与 $f(z^*)$ 是一一对应的映射关系。

1.2 自旋相干态

1.2.1 自旋相干态的定义

很久以前，Datta 和 Das 提出了自旋晶体管[10]，并指出电子的输运不仅携带电荷而且携带自旋。近年来，Imanonglu 发现自旋波函数用于制造量子计算机[11]，最近的实验表明，由于自旋相干态能够维持很长的时间(几百 ps 量级)而成功应用到电子器件上。这种基于自旋算符 $\hat{S}_x$，$\hat{S}_y$ 和 $\hat{S}_z$ 的不可约表示基础之上的相干态，称之为自旋相干态、SU(2)相干态、原子相干态或 Bloch 相干态等，是一种宏观量子态，具有确定的经典—量子对应。因此，自旋算符与角动量相似，也应遵从量子力学中的一般角动量算符的对易关系，即

$$[\hat{S}_\alpha, \hat{S}_\beta] = i\sum_\gamma \varepsilon_{\alpha\beta\gamma}\hat{S}_\gamma \qquad \alpha, \beta, \gamma = (x, y, z) \tag{1.37}$$

其中 $\hbar = 1$，$\varepsilon_{\alpha\beta\gamma}$ 是 Levi-Civita 符号，是三阶反对称张量。

定义升降算符

$$\hat{S}_\pm = \hat{S}_x \pm i\hat{S}_y \tag{1.38}$$

满足对易关系

$$[\hat{S}_z,\ \hat{S}_\pm] = \pm\hat{S}_\pm, \qquad [\hat{S}_+,\ \hat{S}_-] = 2\hat{S}_z \tag{1.39}$$

SU(2)群希尔伯特空间是以$\{|s,\ m\rangle,\ m=-s,\ -s+1,\ \cdots,\ s-1,\ s;\ s=$整数或半整数$\}$为基矢的空间。这里的$|s,\ m\rangle$是 Casimir 算符$\hat{S}^2$和$\hat{S}_z$的共同本征态，又称为 Dicke 态。

$$\hat{S}^2|s,\ m\rangle = s(s+1)|s,\ m\rangle \quad \hat{S}_z|s,\ m\rangle = m|s,\ m\rangle \tag{1.40}$$

其中$s=0,\ 1/2,\ 1,\ 3/2,\ \cdots$，由于$s=0$的结果很平庸，所以下面的讨论忽略此种情况。同时，自旋算符的测不准关系可以有下面的关系式给出：

$$|\langle\hat{S}_z\rangle| \leqslant 2\langle(\Delta\hat{S}_x)^2\rangle^{1/2}\langle(\Delta\hat{S}_y)^2\rangle^{1/2} \tag{1.41}$$

将波函数$|s,\ m\rangle$代入上式，我们可以得到

$$|m| \leqslant s(s+1) - m^2 \tag{1.42}$$

由上式可看出，当且仅当$m=\pm s$时等号成立。因此，我们可以得到算符$\hat{S}^2$和$\hat{S}_z$的两个最小测不准态(共同本征态)是$|s,\ -s\rangle$和$|s,\ s\rangle$。

在 SU(2)群希尔伯特空间中，当m取最大值的态$|s,\ s\rangle$时，即

$$\hat{S}\cdot\vec{e}_z|S,\ S\rangle = \hat{S}_z|S,\ S\rangle = S|S,\ S\rangle \tag{1.43}$$

$\vec{e}_z$为自旋态$|S,\ S\rangle$的量子化方向。所以，可将自旋态$|S,\ S\rangle$转动到量子化轴为$\vec{n}$定义的自旋相干态$|n\rangle$上。选择不同的参数，构成 SU(2)群的生成元，主要有两种不同的方式，下面我们分别讨论自旋相干态的两种不同的定义式：

定义 1：自旋相干态是自旋算符$\hat{n}\cdot\hat{S}$的本征态，即自旋在空间任意给定方向的最大自旋本征值对应的本征态，满足关系式

$$\hat{n}\cdot\hat{S}|n\rangle = s|n\rangle \tag{1.44}$$

这里的$\hat{n}=(\sin\theta\cos\varphi,\ \sin\theta\sin\varphi,\ \cos\theta)$是单位矢量，$\hat{S}$是无量纲的自旋算符，$s$是系统的总自旋。

对于自旋 1/2 系统

$$\hat{\sigma}\cdot\hat{n}|n_\pm\rangle = \pm|n_\pm\rangle \tag{1.45}$$

$|n_\pm\rangle$分别表示北、南极规范的自旋相干态。北极规范、南极规范的自旋相干态可由$\hat{\sigma}_z$的本征态$|+\rangle$空间旋转生成

$$|n_+\rangle = \begin{pmatrix} \cos\dfrac{\theta}{2}\mathrm{e}^{-i\varphi/2} \\ \sin\dfrac{\theta}{2}\mathrm{e}^{i\varphi/2} \end{pmatrix} \qquad |n_-\rangle = \begin{pmatrix} \sin\dfrac{\theta}{2}\mathrm{e}^{-i\varphi/2} \\ \cos\dfrac{\theta}{2}\mathrm{e}^{i\varphi/2} \end{pmatrix} \tag{1.46}$$

定义 2：取“极”态$|s,\ s\rangle$的量子化方向轴为$\vec{e}_z$轴，可将$\vec{e}_z$轴的$|s,\ s\rangle$态转动到任意方向$\hat{n}$所对应的态，就是我们需要的 SU(2)相干态，即

$$|n\rangle = \hat{g}(\alpha, l)|s, s\rangle \tag{1.47}$$

这里的 $\hat{g}(\alpha, l) = e^{-i\alpha \vec{l}\cdot\vec{S}}$ 是SU(2)群的群元，$|n\rangle$ 是与群元 $g(\alpha, l)$ 相关的SU(2)相干态，$\vec{l} = (\sin\theta_l\cos\varphi_l, \sin\theta_l\sin\varphi_l, \cos\varphi_l)$ 的单位矢量，θ_l，φ_l 是单位矢量 $\vec{l}$ 的极角。因为"极"态 $|s, s\rangle$ 在算符 $\hat{h} = e^{-i\alpha\hat{S}_z}$ 的作用下是不变的。

所以

$$\hat{h}|s, s\rangle = e^{-i\alpha s}|s, s\rangle \tag{1.48}$$

换句话说，SU(2)包含一个最大的稳定子群 $U(1)$，$\hat{h} \in U(1)$。所以

$$\hat{g} = \hat{\Omega}\hat{h} \tag{1.49}$$

这里的 $\hat{g} \in SU(2)$，$\hat{\Omega}$ 是 $SU(2)/U(1)$ 的陪集表示

$$\hat{\Omega} = e^{-i\varphi\hat{S}_z}e^{-i\theta\hat{S}_y}e^{-i\chi\hat{S}_z} = e^{\frac{\theta}{2}(\hat{S}_-e^{i\varphi}-\hat{S}_+e^{-i\varphi})} \tag{1.50}$$

这里的χ是任意的，参数 $0 \leqslant \theta \leqslant \pi$，$0 \leqslant \varphi \leqslant 2\pi$，利用指数展开方程(1.50)和$\chi = -\varphi$，很容易证明 $\hat{\Omega}$ 的两种表示是等价的，且 $SU(2)/U(1)$ 是一个二维的 Bloch 球[7]，如图 1.1。

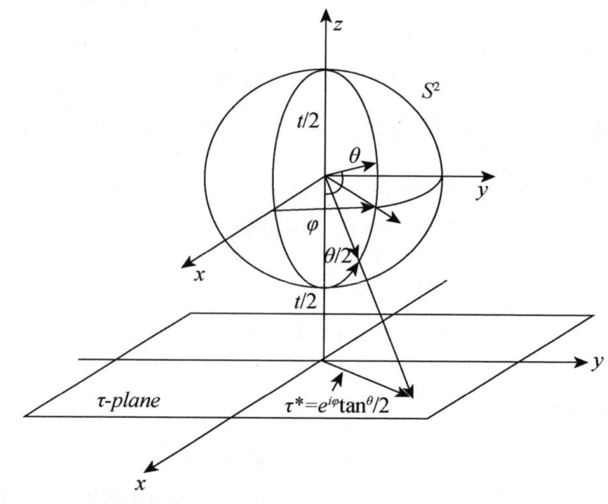

图 1.1　SU(2)相干态的几何表示

图像选自 W. M. Zhang, D. H. Feng and R. Gilmore Rev. Mod. Phys, 1990, 62: 867-927.

因此，

$$\hat{S}_+ \to \begin{pmatrix} 0 & 1 \\ 0 & 0 \end{pmatrix}, \quad \hat{S}_- \to \begin{pmatrix} 0 & 0 \\ 1 & 0 \end{pmatrix}, \quad \hat{S}_z \to \begin{pmatrix} \frac{1}{2} & 0 \\ 0 & -\frac{1}{2} \end{pmatrix} \tag{1.51}$$

代方程(1.51)到(1.50)，可得到

$$\hat{\Omega}=e^{\frac{\theta}{2}(\hat{S}_-e^{i\varphi}-\hat{S}_+e^{-i\varphi})}=\begin{pmatrix}\cos\frac{\theta}{2} & \sin\frac{\theta}{2}e^{-i\varphi}\\ -\sin\frac{\theta}{2}e^{i\varphi} & \cos\frac{\theta}{2}\end{pmatrix} \tag{1.52}$$

接着，通过 BCH 公式

$$e^{A+B}=e^{A}e^{B}e^{-[A,\ B]/2}$$

方程(1.50)又可表示为

$$\begin{aligned}\hat{\Omega}&=e^{\frac{\theta}{2}(\hat{S}_-e^{i\varphi}-\hat{S}_+e^{-i\varphi})}\\&=\exp(\tau\hat{S}_+)\exp[\ln(1+\tau\tau^*)\hat{S}_z]\exp(-\tau^*\hat{S}_-)\\&=\exp(-\tau^*\hat{S}_-)\exp[-\ln(1+\tau\tau^*)\hat{S}_z]\exp(\tau\hat{S}_+)\end{aligned}$$

$$=\begin{pmatrix}\exp\left[-\frac{1}{2}\ln(1+\tau\tau^*)\right] & \tau\exp\left[-\frac{1}{2}\ln(1+\tau\tau^*)\right]\\ -\tau^*\exp\left[-\frac{1}{2}\ln(1+\tau\tau^*)\right] & \exp\left[\frac{1}{2}\ln(1+\tau\tau^*)\right]-\tau\tau^*\exp\left[-\frac{1}{2}\ln(1+\tau\tau^*)\right]\end{pmatrix} \tag{1.53}$$

比较(1.52)和(1.53)，我们可以得到 τ 是与角度相关的一参数

$$\tau=\tan\frac{\theta}{2}e^{-i\varphi} \tag{1.54}$$

最后，我们能够看到任何 SU(2)群元 $\hat{g}$ 作用在“极”态 $|s,\ s\rangle$ 上，都可被表示成如下的形式

$$\hat{g}|s,\ s\rangle=\hat{\Omega}\hat{h}|s,\ s\rangle=\hat{\Omega}|s,\ s\rangle e^{-i\alpha s}=|n\rangle e^{-i\alpha s}$$

所以自旋相干态

$$|n\rangle=\hat{\Omega}|s,\ s\rangle \tag{1.55}$$

称之为北极规范相干态，相反，从“极”态 $|s,\ -s\rangle$ 产生的相干态，称之为南极规范相干态[6,7,12,13]。

1.2.2　自旋相干态变换求含时系统的几何相

对于含时系统，哈密顿量不是守恒量，即

$$\frac{d\hat{H}}{dt}=\frac{\partial\hat{H}}{\partial t}\neq 0 \tag{1.56}$$

含时薛定谔方程，可写为

$$i\frac{d}{dt}|s,\ s\rangle=\hat{H}(t)|s,\ s\rangle \tag{1.57}$$

利用自旋相干态变换方程(1.55)，则方程(1.57)变为

$$i\frac{\mathrm{d}}{\mathrm{d}t}\mid n\rangle = \hat{H}'\mid n\rangle \tag{1.58}$$

其中

$$\hat{H}' = \Omega\hat{H}\Omega^{\dagger} - i\Omega\frac{\partial}{\partial t}\Omega^{\dagger} \tag{1.59}$$

退回到原规范中，含时薛定谔方程本征态 $\hat{H}_x = \frac{1}{2}(\hat{p}_x^2 + w_x^2\hat{x}^2) + e\hat{x}\vec{E}_0\cos\omega t$ 的特解很容易写出

$$\mid s,\ s\rangle = \mathrm{e}^{-\frac{i}{\hbar}\int\langle n\mid \hat{\Omega}\hat{H}\hat{\Omega}^{\dagger} - i\hat{\Omega}\frac{\partial}{\partial\tau}\hat{\Omega}^{\dagger}\mid n\rangle d\tau}\hat{\Omega}^{\dagger}\mid n\rangle \tag{1.60}$$

定义自旋相干态$\mid n\rangle$，演化一个周期后的 Berry 相为[10,12]

$$\gamma_n(T) = i\int_0^T\langle n\mid\ \hat{\Omega}\frac{\partial}{\partial t}\hat{\Omega}^{\dagger}\mid n\rangle\mathrm{d}t \tag{1.61}$$

1.2.3 角动量的 Schwinger 表象

设有两类谐振子，相应的产生和湮灭算符分别用 $\hat{a}_1^+$，$\hat{a}_1$ 和 $\hat{a}_2^+$，$\hat{a}_2$ 表示，且满足

$$[\hat{a}_i,\ \hat{a}_j] = \delta_{ij},\ [\hat{a}_i,\ \hat{a}_j] = [\hat{a}_i^+,\ \hat{a}_j^+] = 0,\ i,\ j = 1,\ 2 \tag{1.62}$$

引入正定厄米算符 $\hat{N}_1$，$\hat{N}_2$，其本征值分别为 n_1，$n_2 = 0，1，2，\cdots$

$$\hat{N}_1 = \hat{a}_1^+\hat{a}_1,\qquad \hat{N}_2 = \hat{a}_2^+\hat{a}_2 \tag{1.63}$$

所以，含有两个谐振子归一化波函数可写成：

$$\mid n_1 n_2\rangle = \frac{(\hat{a}_1^+)^{n_1}(\hat{a}_2^+)^{n_2}}{\sqrt{n_1!\ n_2!}}\mid 0\rangle \tag{1.64}$$

接下来，我们将角动量的厄米算符定义为

$$\begin{aligned}
\hat{j}_x &= \frac{1}{2}(\hat{a}_1^+\hat{a}_2 + \hat{a}_2^+\hat{a}_1) = \hat{j}_z^+ \\
\hat{j}_y &= \frac{1}{2i}(\hat{a}_1^+\hat{a}_2 - \hat{a}_2^+\hat{a}_1) = \hat{j}_y^+ \\
\hat{j}_z &= \frac{1}{2}(\hat{a}_1^+\hat{a}_1 - \hat{a}_2^+\hat{a}_2) = \hat{j}_z{}^+ = \frac{1}{2}(\hat{N}_1 - \hat{N}_2)
\end{aligned} \tag{1.65}$$

联合方程(1.62)和(1.65)，很容易证明角动量分量的所有代数性质。同时，我们还可证明

$$\hat{j}^2 = \hat{j}_x^2 + \hat{j}_y^2 + \hat{j}_z^2 = \frac{2}{}\left(\frac{2}{} + 1\right) \tag{1.66}$$

且算符 $\hat{N}=\hat{N}_1+\hat{N}_2$，其本征值为 $n=n_1+n_2=0, 1, 2, \cdots$

由此可知，$\hat{j}^2$ 的本征值为 $j(j+1)$，且角量子数 j 只能取整数或半整数，这一结论在量子理论研究中具有非常重要的作用。为了研究方便，我们不妨将量子数 (n_1, n_2) 写成 (j, m)，且 $n_1=j+m$，$n_2=j-m$，因此，式(1.64)又可表示为

$$|j, m\rangle=\frac{(\hat{a}_1^+)^{j+m}(\hat{a}_2^+)^{j-m}}{\sqrt{(j+m)!\,(j-m)!}}|0\rangle \tag{1.67}$$

类似于升降算符，定义

$$\begin{aligned}\hat{j}_+&=\hat{j}_x+i\hat{j}_y=\hat{a}_1^+\hat{a}_2\\ \hat{j}_-&=\hat{j}_x-i\hat{j}_y=\hat{a}_2^+\hat{a}_1=(\hat{j}_+)^+\end{aligned} \tag{1.68}$$

很容易证明 $\hat{j}_+$，$\hat{j}_-$ 具有以下性质，即

$$\begin{aligned}\hat{j}_+|j, m\rangle&=\sqrt{(j+m+1)(j-m)}\,|j, m+1\rangle\\ \hat{j}_-|j, m\rangle&=\sqrt{(j-m+1)(j+m)}\,|j, m-1\rangle\end{aligned} \tag{1.69}$$

由此可以看出，算符 $\hat{a}_1^+(\hat{a}_2)$ 使角动量 z 分量的本征值增加 1/2，$\hat{a}_2^+(\hat{a}_1)$ 则使角动量 z 分量的本征值减少 1/2，而 $\hat{j}_+$ 使 m 的值增加 1，$\hat{j}_-$ 使 m 的值减少 1，但这些都不改变 j 的值，原因是 $[\hat{j}_\pm, \hat{N}]=0$，有兴趣的读者可以自行验证。

另外，不同于 $\hat{j}_+$，$\hat{j}_-$，我们也可定义同时含有两个产生(湮灭)的算符 $\hat{K}_+$ 和 $\hat{K}_-$，

$$\hat{K}_+=\hat{a}_1^+\hat{a}_2^+\quad \hat{K}_-=\hat{a}_1\hat{a}_2=(\hat{K}_+)^+ \tag{1.70}$$

很容易证明算符 $\hat{K}_+$ 和 $\hat{K}_-$ 具有以下性质

$$\begin{aligned}\hat{K}_+|j, m\rangle&=\sqrt{(j+m+1)(j-m+1)}\,|j+1, m\rangle\\ \hat{K}_-|j, m\rangle&=\sqrt{(j-m)(j+m)}\,|j-1\rangle\end{aligned} \tag{1.71}$$

由式(1.71)可以得到 $\hat{K}_+$ 的运算，使 j 值增加 1，$\hat{K}_-$ 使 j 的值减少 1，但 m 的值不变。以上这些就是角动量算符的 Schwinger 表象理论。原则上，凡是涉及与角动量相关的理论运算，都可以使用此理论进行处理。本书在处理与经典相对应自旋相干态时，使用角动量算符的 Schwinger 表象理论，得到的宏观量子波函数很好地局域于经典轨道上，满足经典—量子对应[15]。

1.2.4　自旋相干态的构造

自旋算符应遵从量子力学中一般角动量算符的对易关系，满足 Schwinger 角

动量算符量子理论，通过升降算符作用于共同本征态 $|s, m\rangle$，可以得到

$$
\begin{aligned}
&\hat{S}_{+}|s, m\rangle = \sqrt{(s-m)(s+m+1)}\,|s, m+1\rangle \\
&\hat{S}_{-}|s, m\rangle = \sqrt{(s+m)(s-m+1)}\,|s, m-1\rangle \\
&\hat{S}_{+}|s, s\rangle = 0, \quad \hat{S}_{-}|s, -s\rangle = 0
\end{aligned}
\tag{1.72}
$$

其中 $|s, s\rangle$ 和 $|s, -s\rangle$ 是 m 取最大值和最小值的两个“极”态，这完全由角动量算符的测不准关系来确定。

另外，所有本征态 $|s, m\rangle$ 都可以通过升降算符作用于“极”态上，利用 Schwinger 角动量算符量子理论，得到

$$
\begin{aligned}
|s, m\rangle &= \sqrt{\frac{(s-m)!}{(s+m)!\,2s!}}\,(\hat{S}_{+})^{s+m}|s, -s\rangle \\
&= \sqrt{\frac{(s+m)!}{(s-m)!\,2s!}}\,(\hat{S}_{-})^{s-m}|s, s\rangle
\end{aligned}
\tag{1.73}
$$

将方程(1.53)中的 $\hat{\Omega}$ 代入(1.55)，可得

$$
\begin{aligned}
|n\rangle &= e^{\frac{\theta}{2}(\hat{S}_{-}e^{i\varphi}-\hat{S}_{+}e^{-i\varphi})}|s, s\rangle \\
&= \exp(-\tau^{*}\hat{S}_{-})\exp[-\ln(1+\tau\tau^{*})\hat{S}_{z}]\exp(\tau\hat{S}_{+})|s, s\rangle \\
&= \left(\frac{1}{1+|\tau|^{2}}\right)^{s}\sum_{n}\frac{1}{n!}(-\tau^{*})^{n}\hat{S}_{-}{}^{n}|s, s\rangle \\
&= \left(\frac{1}{1+|\tau|^{2}}\right)^{s}\sum_{n}\frac{1}{n!}(-\tau^{*})^{n}\sqrt{\frac{(s-n)!\,2s!}{(s+n)!}}\,|s, s-n\rangle \\
&= \left(\frac{1}{1+|\tau|^{2}}\right)^{s}\sum_{m}\frac{1}{(s-m)!}(-\tau^{*})^{s-m}\sqrt{\frac{m!\,2s!}{(2s-m)!}}\,|s, m\rangle \\
&= \sum_{m=-s}^{s}\binom{2s}{s+m}\left(\cos\frac{\theta}{2}\right)^{s+m}\left(\sin\frac{\theta}{2}\right)^{s-m}e^{i(s-m)\varphi}|s, m\rangle
\end{aligned}
\tag{1.74}
$$

方程(1.74)是使用 Dicke 态展开的 SU(2)相干态[12,16]。

1.2.5 自旋相干态的非正交性和完备性

自旋相干态除了极点外，通常是非正交的，下面是两个不同相干态的内积：

$$
\langle n'|n\rangle = \left[\cos\frac{1}{2}(\theta-\theta')\cos\frac{1}{2}(\varphi-\varphi') - i\cos\frac{1}{2}(\theta+\theta')\sin(\varphi-\varphi')\right]^{2s}e^{is(\varphi-\varphi')}
\tag{1.75}
$$

从方程(1.73)可以看出，在希尔伯特空间，任意的自旋相干态可以使用 Dicke 态展开，满足其完备性，下面简单给予证明

$$\frac{2s+1}{4\pi}\int d\Omega \mid n\rangle\langle n\mid$$
$$=\frac{2s+1}{4\pi}\int d\Omega\sum_{m,m'}\begin{pmatrix}2s\\ s\pm m\end{pmatrix}^{1/2}\begin{pmatrix}2s\\ s\pm m'\end{pmatrix}^{1/2}\left(\cos\frac{1}{2}\theta\right)^{2s-m'-m}\left(\sin\frac{1}{2}\theta\right)^{2s+m'+m}$$
$$e^{i(m'-m)\varphi}\mid s,m'\rangle\langle s,m\mid$$
$$=\frac{2s+1}{2}\int_0^{\pi}\sin\theta d\theta\sum_m\begin{pmatrix}2s\\ s\pm m\end{pmatrix}\left(\cos\frac{1}{2}\theta\right)^{2s-2m}\left(\sin\frac{1}{2}\theta\right)^{2s+2m}\mid s,m\rangle\langle s,m\mid$$
$$=\sum_m\mid s,m\rangle\langle s,m\mid=1 \tag{1.76}$$

1.2.6　自旋相干态的路径积分

考虑自旋相干态从 $\mid n_i\rangle$ 到 $\mid n_f\rangle$ 的传播子

$$K(n_f,t_f;n_i,t_i)=\langle n_f\mid e^{-i(t_f-t_i)\hat{H}}\mid n_i\rangle \tag{1.77}$$

把时间分为无限小间隔

$$\varepsilon=\lim_{N\to\infty}\frac{t_f-t_i}{N} \tag{1.78}$$

插入自旋相干态完备性关系，得到

$$K=\int\left[\prod_{k=1}^{N-1}d\mu(n_k)\right]\langle n_f\mid e^{-i\varepsilon\hat{H}}\mid n_{N-1}\rangle\langle n_{N-1}\mid\cdots e^{-i\varepsilon\hat{H}}\mid n_1\rangle\langle n_1\mid e^{-i\varepsilon\hat{H}}\mid n_i\rangle \tag{1.79}$$

用相干态内积公式

$$\langle n_k\mid n_{k-1}\rangle=\left(\frac{1+n_k\cdot n_{k-1}}{2}\right)^s e^{i\Phi(n_k,n_{k-1})} \tag{1.80}$$

其中

$$\Phi(n_k,n_{k-1})\approx(\varphi_k-\varphi_{k-1})[1-\cos\theta_k]$$
$$n_k\cdot n_{k-1}\approx 1$$

在 $\varepsilon\to 0$ 极限情况下，自旋算符作用在自旋相干态上，得到相应的本征值，方程(1.77)变为

$$K=\int\left[\prod_k^{N-1}d\mu(n_k)\right]\times e^{i\left[\sum_k^{N-1}S(\varphi_k-\varphi_{k-1})(\cos\theta_k-1)-H(\theta_k,\varphi_k)\varepsilon\right]} \tag{1.81}$$

引入一对共轭正则变量

$$\varphi,\ p=s\cos\theta$$

很容易通过计算经典自旋，验证其正确性

$$S_x = s\sin\theta\cos\varphi,$$
$$S_y = s\sin\theta\sin\varphi,$$
$$S_z = s\cos\theta.$$

满足自旋相干态的对易关系。因此，传播子形式上可写为

$$K = \int D[\varphi]\, D[p]\, \mathrm{e}^{i(S+S_{WZ})} \tag{1.82}$$

其中

$$S = \int_{t_i}^{t_f} [p\dot{\varphi} - H(\varphi, p)]\, \mathrm{d}t$$

表示经典作用量，$S_{WZ} = \int \dot{\varphi}\mathrm{d}t$ 称为 Wess-Zummino 拓扑作用量，当 S_{WZ} 为整数时，没有观测效应，为半整数自旋则产生相干[12,13]。

本章小结

本章我们从相干态的定义出发，分析了相干态是最小测不准量子态，也是量子理论所得到的最接近经典极限的量子态。同时，介绍了相干态的非正交性，完备性，超完备性等性质，以及相干态表象的应用。本书着重介绍自旋相干态的定义，性质，非正交性和完备性，路径积分等。除自旋相干态外，物理中运用的相干态还有很多，例如群相干态，费米相干态，SU(3)电荷超荷相干态，相互作用玻色相干态(IBM 相干态)，双线性费米相干态等，这些相干态的应用在量子力学、量子光学、量子场论、凝聚态物理、核物理、粒子物理、等离子物理等均有涉及，甚至渗透到化学、生物等科学领域。

参考文献

[1] E. Schrödinger. Der stetige übergang Von der Mikro-zur Makromechaink [J]. Naturwissenschaften, 1926, 14: 664.

[2] R. J. Glauber. The quantum theory of optical coherence [J]. Phys. Rev. 1963, 130: 2529-2539.

[3] R. J. Glauber. Coherent and incoherent states of the radiation field [J]. Phys. Rev. 1963, 131: 2766.

[4] E. C. G. Sudarshan. Equivalence of semiclassical and quantum mechanical descriptions of statistical light beams [J]. Phys. Rev. Lett. 1963, 10, 277.

[5] A. M. Perelomov. Coherent states for arbitrary Lie group [J]. Commun. Math. Phys., 1972, 26, 222.

[6] J R Klauder and Skagerstam Bo-Sture. Coherent States-Applications in Physics and Mathematical Physics[M]. Singapore：World Scientific.

[7] W. M. Zhang, D. H. Feng and R. Gilmore. Coherent states：Theory and some applications[J]. Rev. Mod. Phys, 1990, 62：867-927.

[8] 曾谨言. 量子力学[M]. 3 版. 北京：科学出版社, 2001：73-151. 5.

[9] 张智明. 量子光学[M]. 北京：科学出版社, 2015.

[10] 克里斯托弗・格里, 彼得・奈特. 量子光学导论[M]. 景俊译. 北京：清华大学出版社, 2019.

[11] Supriyo Datta and Biswajit Das, Electronic analog of the electro-optic modulator [J]. Appl. Phys. Lett., 1989, 56：665.

[12] A. Imamoglu, D. D. Awschalom, G. Burkard, D. P. Divincenzo, A. R. Small, Quantum Information Processing Using Quantum Dot Spins and Cavity QED[J]. Phys. Rev. Lett., 1999, 83：4204-4207.

[13] 梁九卿, 韦联福. 量子物理新进展[M]. 北京：科学出版社, 2011.

[14] 杨晓勇, 自旋相干态变换和自旋-玻色模型的基态解析解[D]. 太原：山西大学, 2013.

[15] A. Shapere and Wilczek. F. Geometric phases in Physics[J]. Singapore, World Scientific.

[16] J. Schwinger. Quantum theory of angular momentum[M]. New York, Academic Press, B196.

[17] Heisenberg W. The physical principles of the quantum theory translated by C Eckart and F C Hoyt[M]. New York：Dover, 1949：116.

第二章　量子—经典对应理论

20世纪初期，牛顿力学经历几百年的发展日趋完美，麦克斯韦方程组也曾被认为是数学与物理的完美结合，随着热力学三大定律的建立，热力学统计物理也逐步完善，经典力学的理论框架已基本确立。但是，Lord Kelvin在一次著名的演讲中[1]，却指出"清晰的动力学理论光芒，被两朵乌云遮蔽了"，第一朵就是对电磁场的认识，一些物理学家认为电磁场是一种看不见摸不着的东西，但却能传递力的作用，即"以太"。甚至有些物理学家提出能否通过实验测出"以太"的速度？这也是迈克尔逊-莫雷实验研究中遇到的一个难以解决的问题。对此，爱因斯坦在狭义相对论中给出了明确的解释：他指出，电磁场本身就是一种物质，"以太"是根本不存在的。另一朵就是实验测量到的物体比热容与经典统计物理学中能量均分定理给出的值不一致，且总是小于能量均分定理得到的值。直到1905年，普朗克在研究黑体辐射能量密度随频率分布规律时，提出能量子的假设，这一问题才得以解决。后来，普朗克的黑体辐射公式(普朗克公式)，成功解释了光电效应[2]，并得出维恩公式在低频阶段与实验不符，以及瑞利-金斯公式在高频阶段的发散问题[3]。由此看出，经典物理学在微观领域束手无策，量子力学和相对论也就应运而生。

另外，量子物理学的量子化与经典物理学连续性在观念上存在差异，普朗克的能量子假设让人们认识到量子物理学与经典物理学的不同，看到量子理论的奇特性，但长久以来人们忽视了二者之间的联系。直到20世纪量子力学诞生以后，有关量子—经典对应原理的研究才逐渐引起了人们的关注[4]。正如朗道所说："量子力学以经典力学为极限，同时又借助这一极限来进行理论表述"。1915年，索末菲给出的量子化条件，是量子化的初步。此后，丹麦著名物理学家玻尔在研究原子结构时，就经典理论向量子理论过渡问题提出了对应原理[5]。玻尔在德国物理学会上作《论元素的线系光谱》演讲时曾指出，"在量子论基础上所预测的光谱与普通辐射理论得到的光谱之间存在着必然的联系，研究两种方法得到频率之间的对应关系具有深远的意义"[4,5]。1923 年，玻尔又指出当量子数很大时，以普朗克常数 h 表征的分立效应就不明显了，且接近连续极限，此时经典物理学的描述是非常适用的[6,7]。后来，玻尔在他的著作《原子论和自然的描述》一书中，就对应原理作了更加详细的陈述：对应原理表述的是量子力学与经典力学的关系，它指出在大量子数极限情况下，描述微观运动的量子理论应该过渡到描述宏观规律的经典理论，为从宏观世界通向微观世界搭建了一座桥梁[8]。事实证明，在探索通向微观世界的道路上，对应原理是确实可行的，不论对原子物理学发展还是量子力学诞生，都起到了积极促进作用，成为经典物理通向量子物理的一条重要途径。利用量子—经典对应原理，玻尔处理了许多原子结构和原子光谱问题，尤其是光谱线相对强度方面问题。

此后，狄拉克受到海森伯工作的启发，意识到泊松括号的重要性，并提出了与经典相应泊松括号相对应的正则量子化条件[9-11]。除此之外，经典 Jacobi-Hamilton 方程在薛定谔波动方程提出的过程中也发挥了重要作用，被称为是经典力学通向量子力学的另一条重要途径[12,13]，方法是把 Jacobi-Hamilton 方程相对论化从而得到相对论量子力学的基本方程，即 Klein-Gordon 方程，并由此为基础，进一步过渡到相对论狄拉克方程，使量子物理学和经典物理学对应关系更加深入[14]。1951 年，玻姆在研究经典力学与量子力学关系时，提出了一个新的概念—量子势[15]。按照此观点，粒子运动遵循与经典 Jacobi-Hamilton 方程相似的方程，但方程中出现了一额外的量子势。在此基础上，Wenzel，Krammers 和 Brillouin 分别提出了一种求解薛定谔方程的方法(WKB 准经典近似法)[16,17]。

综上所述，我们可以将量子—经典对应原理这一理论，归纳为两种不同的描述(ⅰ)普朗克根据黑体辐射理论提出的在常量 $\left(n+\frac{1}{2}\right)$ 的情况下，黑体辐射能量密度公式将回到为经典瑞利-金斯公式。因此，普朗克提出在常量 $H(x, y, t) = H_x(x, t) + H_y(y)$ 的极限下，量子物理学将退化为经典物理学，这也是玻尔对应原理的核心。对于氢原子，玻尔发现当量子数很大时相邻能级间的跃迁频率将趋于经典特征频率。通俗讲，在大量子数极限情况下，量子体系的行为将渐近地趋于经典体系一致。后来，Hassoun 和 Kobeze 认为普朗克和玻尔的这两种表述是一致的，即人们熟知的玻尔对应原理。(ⅱ)1924 年，海森伯尝试用数学形式解释玻尔对应原理，并得出了新结论：经典力学量在宏观量子态上期待值的时间演化和经典动力学方程完全一致，也称之为海森伯对应原理，如谐振子相干态和自旋相干态都是宏观量子态的例子[18]。

本章主要介绍了：①泊松括号与量子对易关系之间的对应关系；②费曼路径积分与经典作用量之间的对应关系；③经典 Jacobi-Hamilton 方程与薛定谔波动方程的对应关系；④量子物理中的几何相(Berry 相)和经典物理中的几何相

(Hannay 角)的对应关系；⑤波函数几率云的空间分布与经典轨道的对应，以及实验检测。

2.1 泊松括号与量子对易关系

2.1.1 泊松括号

1809 年，法国数学家、几何学家和物理学家泊松运用分析力学，研究行星受其他行星作用，椭圆轨道参数变化问题时，首次提出了泊松括号的概念，但在当时并未引起物理学家的高度重视。直到雅可比研究正则变换的过程中，发现泊松括号具有不变性时，人们才对泊松括号的重要性才引起高度关注。现在我们知道泊松括号是经典力学中非常重要的概念，下面介绍泊松括号定义、基本恒等式和泊松定理。

定义： A、B 为任意两个力学量，泊松括号为

$$\{A,\ B\} = \sum_i \frac{\partial A}{\partial q_i}\frac{\partial B}{\partial p_i} - \frac{\partial A}{\partial p_i}\frac{\partial B}{\partial q_i} \tag{2.1}$$

其中 q_i，p_i，$(i = 1,\ 2,\ \cdots,\ n)$ 为 $2n$ 个独立广义变量。

熟知的基本泊松括号有

$$\begin{gathered}\{q_i,\ p_j\} = \delta_{ij},\ \{q_i,\ q_j\} = \{p_i,\ p_j\} = 0 \\ \{q_i,\ A\} = \frac{\partial A}{\partial p_i},\ \{p_i,\ A\} = -\frac{\partial A}{\partial q_i}\end{gathered} \tag{2.2}$$

泊松括号满足以下恒等式

$$\begin{aligned}&\{A,\ B\} = -\{B,\ A\} \\ &\{A,\ B + C\} = \{A,\ B\} + \{A,\ C\} \\ &\{A,\ BC\} = \{A,\ B\}C + B\{A,\ C\} \\ &\{A,\ \{B,\ C\}\} + \{B,\ \{C,\ A\}\} + \{C,\ \{A,\ B\}\} = 0\end{aligned} \tag{2.3}$$

泊松定理： 若 A，B 为体系的守恒量，则 $\{A,\ B\}$ 也是体系的守恒量，泊松括号是哈密顿力学或分析力学的重要运算。

2.1.2 泊松括号与量子对易关系对应

对于一个力学系统的性质，由其哈密顿量 H 决定。因此，可以利用力学量 f 与哈密顿量 H 的关系，进行判断其是否为运动积分，为此提出了泊松括号。下面给出力学量 $f(p,\ q,\ t)$ 的全微分形式：

$$\frac{\mathrm{d}f}{\mathrm{d}t} = \frac{\partial f}{\partial t} + \sum_i \left[\frac{\partial f}{\partial q_i}\dot{q}_i + \frac{\partial f}{\partial p_i}\dot{p}_i\right] \tag{2.4}$$

正则方程

$$\begin{cases} \dot{q}_i = \dfrac{\partial H}{\partial p_i} \\ \dot{p}_i = -\dfrac{\partial H}{\partial \dot{q}_i} \end{cases} \tag{2.5}$$

以及力学量f、H组成的泊松括号 $\{H, f\} = \sum_i \left[\frac{\partial H}{\partial p_i}\frac{\partial f}{\partial q_i} - \frac{\partial H}{\partial q_i}\frac{\partial f}{\partial p_i}\right]$，联合式(2.4)和式(2.5)，得到$f(p, q, t)$全微分：

$$\frac{\mathrm{d}f}{\mathrm{d}t} = \frac{\partial f}{\partial t} + \{H, f\} \tag{2.6}$$

从上式可以看出，若力学量f不显含时间t，可以得出$\{H, f\} = 0$，则f为守恒量。所以，一个力学量是否为守恒量可以依据它与体系哈密顿量的泊松括号是否为零来判断。

泊松括号与量子力学之间的联系最早由狄拉克提出，他发现量子力学中力学量的对易关系与经典力学中的泊松括号非常相像。通过对比，狄拉克建立了量子力学符号法，具体操作为：通过在力学量运动方程左边乘上一个因子$i\hbar$，就可得到量子力学的海森伯方程；或者，在泊松括号等号右边乘上一个相同的因子$i\hbar$，就得到了量子力学算符的对易关系。除此之外，狄拉克还认识到，若使理论与实验观测相吻合，不可避免要引进量子数，按照狄拉克理论，经典力学中最基本的力学量正则坐标和正则动量之间，存在如下对易关系

$$[q_\alpha, p_\beta] = i\hbar\delta_{\alpha\beta} \tag{2.7}$$

(2.7)式为量子力学最基本的对易关系式，而且可以看出q_α，p_β是不对易的。利用正则方程，得到经典力学中正则坐标和正则动量(q_α，p_β)的泊松括号

$$\{q_\alpha, p_\beta\} = \delta_{\alpha\beta} \tag{2.8}$$

此式为经典力学中最基本的泊松括号，通过比较量子力学中的对易关系和经典力学中的泊松括号，可以得出下面的关系

$$[q_\alpha, p_\beta] = i\hbar\{q_\alpha, p_\beta\} \tag{2.9}$$

当$\hbar \to 0$时，量子力学中的对易关系回到了经典力学的泊松括号，说明从经典力学过渡到了海森伯的矩阵力学。因此，经典力学到量子力学过渡的方式，就是把经典力学量A、B中的连续变量p、q等换成遵守一定代数法则的矩阵，即经典体系的量子化法则为：

$$\{A, B\} \to \frac{1}{i\hbar}[\hat{A}, \hat{B}] \tag{2.10}$$

在经典力学中，一个可观测的力学量$A(p, q)$，其运动遵守方程

$$\frac{\mathrm{d}A}{\mathrm{d}t}=\frac{\partial A}{\partial t}+\{A,\ H\} \tag{2.11}$$

与此对应，海森伯矩阵力学中算符运动方程为

$$\frac{\mathrm{d}\hat{A}}{\mathrm{d}t}=\frac{\partial \hat{A}}{\partial t}+\frac{1}{i\hbar}[\hat{A},\ \hat{H}] \tag{2.12}$$

下面我们可以看出，力学量$(p,\ q)$的动力学方程为：

$$\begin{cases}\dot{q}_i=\{q_i,\ H\}\\ \dot{p}_i=\{p_i,\ H\}\end{cases} \tag{2.13}$$

同时，量子力学中对应的力学量 $(\hat{q}_i,\ \hat{p}_i)$ 的动力学方程为

$$\begin{cases}\dfrac{\mathrm{d}\hat{q}_i}{\mathrm{d}t}=\dfrac{1}{i\hbar}[\hat{q}_i,\ H]\\ \dfrac{\mathrm{d}\hat{p}_i}{\mathrm{d}t}=\dfrac{1}{i\hbar}[\hat{p}_i,\ H]\end{cases} \tag{2.14}$$

所以，可以通过量子力学中的动力学方程判断力学量是否为守恒量，这与经典力学中判断物理量是否为守恒量的方法相一致[10]。最后，得出结论：量子力学中的对易关系满足经典泊松括号的代数关系和经典泊松括号的正则不变性。

2.2 费曼路径积分与经典作用量

20 世纪 40 年代费曼在研究光子量子理论含义时，认识到拉格朗日量的重要性，决定把拉格朗日量引入到量子力学中，他们认为：经典粒子从一个时空点沿固定路径运动到另一个时空点，此路径的作用量是最小的。假设体系的拉格朗日函数为$L(q,\ \dot{q},\ t)$ ，q_i是确定体系位置的一组独立的坐标。假设体系处于保守势场中，V为体系相互作用的势能，T为动能，则拉格朗日量为$L=T-V$。假设体系t_1时刻从 A 点出发，经过任意轨道$q(t)$在t_2时刻到达 B 点。对每一条轨道$q(t)$，都可定义其作用量

$$S[q(t)]=\int_{t_1}^{t_2}L(q,\ \dot{q})\,\mathrm{d}t \tag{2.15}$$

由此看出作用量依赖于粒子所走轨道$q(t)$，或者说作用量是$q(t)$的函数，是一个泛函，其量纲与角动量一样。对于给定的初末位置 A 点和 B 点，粒子可以有许多可能的路径，如何判断走哪一条路径“最佳”[19-22]这也就是，我们这里将要阐述的最小作用原理。

最小作用原理

希腊工程师希罗在对光的直线传播与反射定律阐释中，强调了自然现象的

"经济本性"，提出了光的最短路程原理。随后，意大利画家、建筑学家、科学家达芬奇，英国哲学家奥卡姆和法国数学家 Fermat，修改和发展了最小作用原理，法国数学家、天文学家拉格朗日在力学中应用变分法，把最小作用原理发展为动力学的普遍原理，并将其推广到多粒子体系，爱尔兰数学家、物理学家哈密顿用具有动力学意义的正则变量(广义动量 p 和广义坐标 q)代替只有运动学意义的广义速度 $\dot{q}$ 和广义坐标 q，把拉格朗日函数和拉格朗日方程变换到哈密顿函数和哈密顿方程，提出了最小作用原理：粒子实际所走路径应该使作用量 S 取极小值，即要求

$$\delta S = 0 \tag{2.16}$$

或者说，粒子实际所走的路径，与相邻的各种可能路径相比，其作用量是最小的。

最小作用原理的思想反映了人们对自然规律普遍性与简单性的追求，在当时引起了很多哲学家和自然科学家的研究兴趣。

经典力学中，粒子实际只可能走一条路径，但对量子系统来说，所有可能的路径都对几率幅有贡献，这也是路径积分的由来。在量子化方案中不考虑使用算符，仍然使用经典量，即 C-数。费曼量子理论的核心是使用路径积分构造量子力学中的传播子[21]，把传播子直接与经典力学中的作用量 S 联系起来，把每一个可能的粒子轨道与一列波相联系，再运用与粒子轨道相联系的作用量 S，从已知的哈密顿算符系统出发，通过时间演化算符，得到末态的态函数

$$|\psi(t_f)\rangle = e^{-\frac{i}{\hbar}\hat{H}(t_f-t_i)}|\psi(t_i)\rangle \tag{2.17}$$

投影到坐标表象，利用坐标表象完备性关系，末态波函数可表示为

$$\langle x_f|\psi(t_f)\rangle = \psi(x_f, t_f) = \int K(x_f, t_f; x_i, t_i)\psi(x_i, t_i)\,dx_i \tag{2.18}$$

其中 $K(x_f, t_f; x_i, t_i) = \langle x_f|e^{-\frac{i}{\hbar}\hat{H}(t_f-t_i)}|x_i\rangle = \langle x_f, t_f|x_i, t_i\rangle$ 为路径积分传播子，或者积分核，它是两个时空点间的坐标几率幅，是路径积分理论的核心，包含了系统的基本物理思想：给了初始波函数，末态波函数完全由传播子确定。费曼通过计算传播子，提出了一种新的量子化方法，从而实现运动学层次上的量子化。通过费曼路径积分理论可以形象地研究量子力学与经典力学的关系，更深刻地理解经典力学的基本规律和最小作用原理。总之，如果说海森伯的矩阵力学是正则形式下经典力学和量子力学对应(把经典泊松括号换为量子对易关系)，那么薛定谔的波动力学则与经典力学中的 Jacobi-Hamiton 方程有密切的关系。与此不同，费曼的路径积分理论则与经典力学的拉格朗日形式(通过作用量)有很密切的关系，利用作用量是一个相对论不变量，很容易将其从非相对论形式推广到相对论形式。另外，路径积分将含时问题和不含时问题都归为同一个理论框架中

处理，可以更形象地研究量子力学与经典力学的对应关系。本著作 §3.1，我们采用路径积分的方法，分析 AB 规范场中平面转子在定态磁通和随时间变化磁通两种情况下的本征函数和本征值，定态磁通使空间发生扭曲产生了拓扑位相，而变化磁通产生感生电场，使带电粒子在力矩的作用下发生定轴旋转正好抵消了磁通规范场产生的扭曲。因此，同伦类传播子的动力学对称性无破缺。

2.3 Jacobi-Hamilton 方程和薛定谔波动方程

在普朗克-爱因斯坦光量子论的启发下，德布罗意提出实物粒子与光一样，具有波粒二象性，所以称为物质波。薛定谔先生在德拜先生的建议下，开始着手研究德布罗意的论文。很快，薛定谔先生对德布罗意的论文给出了清楚而满意的解释，并推导出了玻尔和索末菲的量子化法则，但是德拜先生认为要真正研究波动，必须建立波动方程。在德拜先生的鼓励和建议下，薛定谔先生依据几何光学与波动光学的关系，认为实物粒子与光类似，同样具有波粒二重性，经过缜密的思考和理论推导，建立起了波动方程。由此看出，薛定谔先生在建立波动方程的过程中，德拜思想对其影响很大。

2.3.1 Jacobi-Hamilton 方程

假设粒子初始时刻位置确定，末态时刻位置可以变化(不确定)，现将把作用量 S 看成坐标 $q(t)$ 的函数，并对 $q(t)$ 进行变分，得出

$$\begin{aligned}\delta S[q(t)] &= \delta\int_{t_1}^{t_2} L(q,\ \dot{q})\,\mathrm{d}t \\ &= \sum_i \frac{\partial L}{\partial \dot{q}_i}\delta q_i + \sum_i \int_{t_1}^{t_2}\mathrm{d}t\left[\frac{\partial L}{\partial q_i} - \frac{\mathrm{d}}{\mathrm{d}t}\left(\frac{\partial L}{\partial \dot{q}_i}\right)\right]\delta q_i \\ &= \sum_i \frac{\partial L}{\partial \dot{q}_i}\delta q_i\end{aligned} \tag{2.19}$$

定义 $p_i = \dfrac{\partial L}{\partial \dot{q}_i}$ 为正则动量，所以有

$$p_i = \frac{\partial L}{\partial \dot{q}_i} = \frac{\partial S}{\partial q_i} \tag{2.20}$$

由分析力学可知，作用量 S 对时间求全微分，就可以得到拉氏量 L，所以

$$\begin{aligned}L = \frac{\mathrm{d}S}{\mathrm{d}t} &= \sum_i \frac{\partial S}{\partial q_i}\dot{q}_i + \frac{\partial S}{\partial t} \\ &= \sum_i p_i\dot{q}_i + \frac{\partial S}{\partial t}\end{aligned} \tag{2.21}$$

接着，定义系统哈密顿量为

$$H(q, p) = p\dot{q} - L \tag{2.22}$$

很容易得到 Jacobi-Hamilton 方程

$$\frac{\partial S}{\partial t} + H\left(q, \frac{\partial S}{\partial q}, t\right) = 0 \tag{2.23}$$

(2.23)方程是作用量 S 所满足的一阶偏微分方程，是求解正则方程积分的普遍方法。

2.3.2 薛定谔波动方程

当微观粒子的量子态由波函数确定后，粒子任一个力学量的平均值以及各种可能取值的概率就完全确定了。接着，如何解决量子态随时间的演化以及如何求解波函数，是薛定谔等物理学家在当时所面临的重要难题。1926 年，薛定谔推导出粒子波动方程

$$i\hbar \frac{\partial}{\partial t}\psi(\vec{r}, t) = \left[-\frac{\hbar^2}{2m}\nabla^2 + V\right]\psi(\vec{r}, t) \tag{2.24}$$

成功地解决了上述问题，揭示了原子世界中物质运动的基本规律，从而解决了物质内部的原子结构，原子辐射和 α 衰变，势垒贯穿等问题。薛定谔波动方程是量子力学中的最基本方程，其重要性类似于牛顿方程在经典力学中的地位。同时，量子力学的出现，使物理、化学、生物等学科紧密地联系在一起，例如通过量子力学理论阐明了化学键的本质，原子中电子壳结构，以及各种化学和生物现象等[4]。下面从经典的 Jacobi-Hamilton 方程出发，通过理论推导，得出基本薛定谔波动方程，从而证明经典与量子之间存在的对应关系。

根据自由粒子能量-动量关系

$$H = E = \frac{p^2}{2m} = \frac{(\nabla S)^2}{2m} \tag{2.25}$$

可写出 Hamilton-Jacobi 方程

$$\frac{\partial S}{\partial t} + H\left(q, \frac{\partial S}{\partial q}, t\right) = 0 \tag{2.26}$$

从而得到

$$\frac{\partial S}{\partial t} + \frac{(\nabla S)^2}{2m} = 0 \tag{2.27}$$

再将波函数 $\psi = R(r, t)\, e^{iS(r, t)/\hbar}$，两边分别对时间和坐标求导得

$$\begin{cases}\dfrac{\partial\psi}{\partial t}=\dfrac{\partial R}{\partial t}e^{iS/\hbar}+\dfrac{i\psi}{\hbar}\cdot\dfrac{\partial S}{\partial t}\\ \nabla\psi=(\nabla R)e^{iS/\hbar}+\dfrac{i\psi}{\hbar}\cdot\nabla S\\ \nabla^2\psi=(\nabla^2 R)e^{iS/\hbar}+\dfrac{2i}{\hbar}e^{iS/\hbar}(\nabla R)\cdot(\nabla S)-\dfrac{1}{\hbar^2}\psi\cdot(\nabla S)^2+\dfrac{i}{\hbar}\psi\nabla^2 S\end{cases} \tag{2.28}$$

当 $\hbar\to 0$ 取经典极限时，不考虑量子效应，R 几乎不变，所以

$$\frac{\partial R}{\partial t}=0,\quad \nabla R=0 \tag{2.29}$$

由上式可知，

$$\begin{aligned}&\frac{\partial S}{\partial t}=\frac{\hbar}{i\psi}\frac{\partial\psi}{\partial t}\\ &(\nabla S)^2=-\frac{\hbar^2}{\psi}\nabla^2\psi+i\hbar\psi\nabla^2 S\end{aligned} \tag{2.30}$$

由于 $\nabla^2 S\approx 0$，所以 $(\nabla S)^2=-\dfrac{\hbar^2}{\psi}\nabla^2\psi$，将 $\dfrac{\partial S}{\partial t}$ 和 $(\nabla S)^2$ 代入 Hamilton-Jacobi 方程，通过整理，Hamilton-Jacobi 方程就自然而然地过渡到了量子力学的基本薛定谔波动方程

$$i\hbar\frac{\partial\psi}{\partial t}+\frac{\hbar^2}{2m}\nabla^2\psi=0 \tag{2.31}$$

从而证明经典的 Jacobi-Hamilton 方程与薛定谔波动方程之间的关系。

2.4 量子和经典的几何相

几何相随着量子波函数的提出而诞生，事实证明这一概念具有极其重要的物理意义。狄拉克曾说："这一相位是所有干涉现象的根源，而其物理含义是极其隐晦难懂的。"

1984 年，Berry 在研究量子力学中的经典混沌时意外发现，当一个量子系统的多重参数随时间绝热演化时，系统除通常的动力学相因子外，还附加了一个依赖参数空间路径的相因子，即便参数演化回到初始值，附加相因子也不为零，这完全取决于参数空间闭合路径的几何特性，即 Berry 相[23]。Simon 指出，Berry 相位其实是 U(1)厄米丛由 Bott-Chern 联络产生的反常和乐[24]。Aharonov 和 Annada 不考虑绝热近似条件，得到周期演化系统的几何相，即 AA 相[25]。Wilczek 和 Zee 讨论简并态的几何相因子，并第一次在非相对论量子力学中提出了非 Abel 规范场的概念。几何相因子成功地解释了整数量子霍尔效应和反常霍尔效应。在

Berry 相发现后不久，Hannay 在研究经典可积系统中的 Berry 相时，发现 Berry 相存在其经典对应量，Hannay 角，即系统在循环演化的过程中也产生了一个附加的角变量[26]。随后，Berry 利用半经典量子理论分析了量子几何相和经典 Hannay 角，并指出它们在本质上是相同的，且满足一定的对应关系[27]。几年后，Berry 和 Hannay 根据 AA 相，随即给出了与此相对应的经典非绝热角，即非绝热 Hannay 角[28]。1998 年，刘杰教授等人利用压缩态方法，讨论了非绝热周期含时广义谐振子的几何相，通过解析计算得到了系统的非绝热的几何相和 Hannay 角，并给出它们之间存在的关系[29,30]。在本书中第四章，我们详细介绍使用广义规范变换方法，同样得到了非绝热的几何相和 Hannay 角，且满足刘杰教授等人给出的非绝热几何相和 Hannay 角的关系。最后，几何相作为一个新兴的研究方向，仍然具有很大的研究潜力和应用前景[31]。下面结合参考文献[32]和参考文献[33]为读者介绍几何相在经典力学和量子力学中的相关理论。

2.4.1 量子力学中的绝热演化

绝热思想在物理学发展过程中，发挥了重要作用。具体来讲，在静力学和动力学边界上，如果考虑其动力学效应，绝热是无限缓慢变化的极限。或者说，系统不再处于静态，而是“无限缓慢”的演化过程。绝热的思想为：依据时间尺度，将物理系统分为两个完全不同的子系统，快子系统与慢子系统。

非相对论量子力学中绝热定理描述了哈密顿量随时间缓慢演化过程中，薛定谔方程解的长时间行为。这个定理最早可以追溯到 M. Born 和 V. Fock。多年后，T. Kato 研究线性算子微扰理论时，才给出其具体表达式。

现在考虑含时哈密顿量，假设其能谱是离散的，且对所有能级是非简并的。其本征方程可表示为

$$H(t)\mid n(t)\rangle = E_n(t)n(t)\rangle \tag{2.32}$$

这里的 $\mid n(t)\rangle$ 是含时的本征函数，且满足

$$\langle n(t)\mid m(t)\rangle = \delta_{nm} \tag{2.33}$$

显然，本征函数 $\mid n(t)\rangle$ 不是唯一的。我们可以通过任意函数 λ_n，对其进行以下的含时规范变换：

$$n(t)\rangle \to n'(t)\rangle = \mathrm{e}^{i\lambda_n(t)}\mid n(t)\rangle \tag{2.34}$$

很容易看出，上式满足规范不变性，即不依赖于 $\mid n(t)\rangle$ 中特征向量的特定选择。假设系统的初始状态是哈密顿量 $H(0)$ 的本征函数，即 $\psi(0)=\mid n(t)\rangle$。绝热定理指出，如果哈密顿量 $H(t)$ 随时间变化得“足够慢”，则可得到一个“很好的近似” $\psi(t)=\mathrm{e}^{i\alpha(t)}n(t)\rangle$。对于“足够慢”的变化和“良好的近似”的严格数学定义，后面章节中具体说明。下面将系统在 t 时刻的状态波函数，利用 $\mid n(t)\rangle$ 的正交

基矢进行展开，可得

$$\psi(t)=\sum_m c_m(t)\exp\left(-\frac{i}{\hbar}\int_0^t E_m(\tau)\mathrm{d}\tau\right)|\ m(t)\rangle \tag{2.35}$$

其中 $\exp(-i\int_0^t E_m(\tau)\mathrm{d}\tau/\hbar)$ 称为动力学相因子。将(2.35)式代入含时薛定谔方程，可得系数 $c_m(t)$ 为：

$$\begin{aligned}\dot{c}_m(t)=&-c_m(t)\langle m(t)\left|\frac{\mathrm{d}}{\mathrm{d}t}\right|m(t)\rangle-\sum_{k\neq m}c_k(t)\langle m(t)\left|\frac{\mathrm{d}}{\mathrm{d}t}\right|m(t)\rangle\\&\exp\left[-\frac{i}{\hbar}\int_0^t(E_k(\tau)-E_m(\tau))\mathrm{d}\tau\right]\end{aligned} \tag{2.36}$$

接着，对（2.32）式两边时间求导，即

$$\dot{H}|\ k\rangle+H|\ \dot{k}\rangle=\dot{E}_k|\ k\rangle+E_k|\ \dot{k}\rangle \tag{2.37}$$

然后，左乘$\langle$m$|$，得

$$\langle m|\ \dot{k}\rangle=\frac{1}{E_k-E_m}\langle m|\ \dot{H}|\ k\rangle,\ m\neq k \tag{2.38}$$

使用绝热近似，必须满足下面条件

$$|\langle m|\ \dot{H}|\ k\rangle|\ll\frac{|E_k-E_m|}{\Delta T_{km}} \tag{2.39}$$

其中 ΔT_{km} 是从状态 k 到状态 m 之间跃迁时，所需的特征时间。(2.39)式表示哈密顿量 H 变化的时间尺度相对于系统自然时间尺度较慢，这是由能量本征状态之间的跃迁定义决定的。因此，在绝热极限 $\Delta T_{km}\to\infty$ 时，哈密顿量 H 的变化是无限缓慢的，即

$$|\langle m|\ \dot{H}|\ k\rangle|\to 0 \tag{2.40}$$

由式(2.38)可知

$$\langle m|\ \dot{k}\rangle\to 0,\ m\neq k \tag{2.41}$$

因此，在绝热极限下，式(2.36)简化为

$$\dot{c}_m=-c_m\langle m|\ \dot{m}\rangle \tag{2.42}$$

初始条件 $c_m(0)=\delta_{nm}$，当 $m\neq n$，$c_m(t)=0$，公式(2.4)表示为

$$\psi(t)-c_n(t)\exp\left(-\frac{i}{\hbar}\int_0^t E_n(\tau)\mathrm{d}\tau\right)|\ n(t)\rangle \tag{2.43}$$

最后一步计算 $c_n(t)$ 。由(2.42)可知，$c_n(t)$ 是纯相位因子

$$c_n(t)=\mathrm{e}^{i\phi_n(t)} \tag{2.44}$$

这里的相因子 $\phi(t)$ 满足条件

$$\dot{\phi}_n = i\langle n \mid \dot{n}\rangle \tag{2.45}$$

历史上相当长的一段时间，相因子 $\phi(t)$ 的意义是完全被忽视。原因在于：利用规范变换，本征函数 $|n(t)\rangle$ 的选取不唯一，我们可以任意取一个本征函数 $|\tilde{n}(t)\rangle$，定义为：

$$|\tilde{n}(t)\rangle = e^{i\phi_n(t)}|n(t)\rangle \tag{2.46}$$

规范变换后本征矢 $|\tilde{n}(t)\rangle$ 满足

$$\langle \tilde{n}\left|\frac{\mathrm{d}}{\mathrm{d}t}\right|\tilde{n}\rangle = 0 \tag{2.47}$$

利用本征函数 $|\tilde{n}(t)\rangle$ 代替 $|n(t)\rangle$，式(2.43)的状态含时波函数 $\psi(t)$ 可改写为：

$$\psi(t) = \exp(-\frac{i}{\hbar}\int_0^t E_n(\tau)\mathrm{d}\tau)|\tilde{n}(t)\rangle \tag{2.48}$$

即，上式没有附加的相因子。但是，这个附加的相因子并不能被完全去掉，现在，我们知道它是控制量子力学中产生量子干涉效应的关键相因子，具有非常重要的物理意义。如果我们有两个归一化的态矢量在空间相遇叠加，得到下面的干涉强度公式

$$I \propto |1 + e^{i\varphi_n(t)}|^2 = 2(1+\cos\varphi_n(t)) = 4\cos^2(\varphi_n(t)/2) \tag{2.49}$$

在干涉实验中，通过测量 $\varphi_n(t)$，可知其干涉的强弱。

刚刚我们分析了含时哈密顿量 $H(t)$ 具有分离且非简并的能谱 $E_n(t)$ 的特殊情况。为了进一步说明时间的缓慢变化，我们需要定义一个特征时间，来确定变化的慢与快。在量子力学中，这个特征时间通常由能谱中的能隙决定。如果能谱是非简并的，则能隙条件自然满足。

为了更准确地表述绝热定理，通常我们采用特征时间 $s = t/T$ 来代替物理时间 t，其中 T 是与能隙相关的时间尺度。重新标度后，薛定谔方程表示为

$$i\hbar\partial_s\psi_T(s) = TH(S)\psi_T(s) \tag{2.50}$$

绝热极限条件下，或哈密顿量无限缓慢变化极限下，我们得到 $T\to\infty$。设 $P(s)$ 表示投影到哈密顿 $H(s)$ 能谱上的有限秩，构造幺正演化算符 $U_{AD}(s)$

$$P(s) = U_{AD}(s)P(0)U_{AD}^{-1}(s) \tag{2.51}$$

根据 Kato 理论，引入 Kato 哈密顿算符

$$H_{\mathrm{Kato}}(s, P):=\frac{i\hbar}{T}[\partial_s P(s), P(s)] \tag{2.52}$$

所以，薛定谔方程又可写为

$$\dot{\psi}_{AD}(s) = [\partial_s P(s), P(s)]\psi_{AD}(s) \tag{2.53}$$

初始条件为 $\psi_{AD}(0) \in P(0)$ 即著名的 Kato 方程。

绝热定理：设 $H(s)$ 为哈密顿量，设 $U_T(s)$ 为幺正演化算符，$s = t/T$ 为新标度，即

$$i\hbar \dot{U}_T(s) = TH(s)U_T(s)$$

$P(s)$ 为投影到能谱上的有限秩

$$U_T(s)P(0)U_T^{-1}(s) = P(s) + O(T^{-1}) \tag{2.54}$$

显然，在绝热极限下，很容易得到 $T \to \infty$，$U_T \to U_{AD}$。

2.4.2 绝热量子几何相

考虑外部参数为 M 流形上的曲线 C：

$$t \to x_t \in M$$

量子系统的绝热演化则取决于沿曲线 C 参数对应哈密顿量 $H = H(x)$ 的描述，而哈密顿量又仅仅依赖于含时的外部参数 $H(t) = H(x_t)$。假设任意 $x \in M$ 的哈密顿量 $H(x)$ 的本征值是分离的，即

$$H(x) | n(x) \rangle = E_n(x) | n(x) \rangle \tag{2.55}$$

且

$$\langle n(x) | m(x) \rangle = \delta_{nm} \tag{2.56}$$

这里要求特征向量 $| n(t) \rangle$ 是单值的(作为 $x \in M$ 的函数)。

为了找到绝热演化，我们可以应用绝热定理。哈密顿量可以写为

$$H_n(x) := RangeP_n(x) = \{ \alpha | n(x) \rangle | \alpha \in \mathbb{C} \} \tag{2.57}$$

式(2.55)和(2.56)定义的特征向量 $| n(x) \rangle$ 并不是唯一的；我们可以任意改变特征向量 $| n(x) \rangle$ 的相位，例如

$$| n(x) \rangle \to | n'(x) \rangle = e^{i\alpha_n(x)} | n(x) \rangle \tag{2.58}$$

显然，式(2.58)相位 α_n 不改变 $P_n(x)$。假设 $\psi(0) = | n(x_0) \rangle$，由于绝热定理，在绝热演化过程中，$\psi(t)$ 保持在 $H(x_t)$ 的第 n 个特征空间，即

$$\psi(t) \in H_n(x_t) \tag{2.59}$$

因此，如果演化是循环的，即曲线 C 是闭合的(对于某些 $T > 0$，$x_0 = x_T$)，当 $\psi(0)$ 和 $\psi(T)$ 都属于 $H_n(x_0)$ 时，它们可能只相差一个相因子：

$$\psi(T) = e^{i\gamma}\psi(0) \tag{2.60}$$

其中 γ 是相位

$$\gamma = -\frac{1}{\hbar}\int_0^T E_n(t)\,dt \tag{2.61}$$

但是，在 1984 年 Berry 证明这是错误的，Berry 认为式(2.61)还应有一个附加的分量，它取决于流形 M 和曲线 C 本身的几何形状。为了进一步证实，Berry

注意到波函数 $\psi(t)$ 和特征向量 $|n(x_t)\rangle$ 都有一个含时的相位因子

$$\psi(t)=\exp\left(-\frac{i}{\hbar}\int_0^t E_n(\tau)\mathrm{d}\tau\right)\mathrm{e}^{i\phi_n(t)}|n(x_t)\rangle \tag{2.62}$$

通过薛定谔方程，可以得到 ϕ_n 满足

$$\dot{\phi}_n=i\langle n|\dot{n}\rangle \tag{2.63}$$

简单起见，省略掉 $|n(x)\rangle$ 的参数，式(2.63)定义了 M 流形上的联络

$$A^{(n)}:=i\langle n|\mathrm{d}n\rangle \tag{2.64}$$

或者，在局域坐标 $(x^1, \cdots, x^n)$ 中，$A^{(n)}=A_k^{(n)}\mathrm{d}x^k$，这里 $A_k^{(n)}:=i\langle n|\partial_k n\rangle$。由于 $\langle n|\mathrm{d}n\rangle$ 是纯虚数，式(2.64)可改写为

$$A^{(n)}=-\mathrm{Im}\langle n|\mathrm{d}n\rangle \tag{2.65}$$

通过对式(2.63)积分，可得

$$\phi_n(t)=i\int_0^t\langle n(\tau)|\dot{n}(\tau)\rangle\mathrm{d}\tau=\int_C A^{(n)} \tag{2.66}$$

上式表示联络 $A^{(n)}$ 沿着曲线 C 从点 x_0 到 x_t 之间的积分。由此可见，式(2.61)需要增加下面几何量：

$$\gamma_n(C):=\phi_n(T)=\oint_C A^{(n)} \tag{2.67}$$

即总相位 γ 可分为两部分：

$$\gamma=\underbrace{-\frac{i}{\hbar}\int_0^T E_n(\tau)\mathrm{d}\tau}_{\text{动力学相}}+\underbrace{\gamma_n(C)}_{\text{几何相}} \tag{2.68}$$

这里的几何量 $\gamma_n(C)$ 就是著名的 Berry 相位，对应于沿着曲线 C 的循环绝热演化

$$\gamma_n(C)=\int_\Sigma F^{(n)} \tag{2.69}$$

其中 Σ 是 M 中的任意二维子流形，满足 $\partial\Sigma=C$，且

$$F^{(n)}=\mathrm{d}A^{(n)}=-\mathrm{Im}\langle \mathrm{d}n|\wedge|\mathrm{d}n\rangle \tag{2.70}$$

在局域坐标 $(x^1, \cdots, x^n)$ 中，对于二维子流形 M 我们发现

$$F^{(n)}=\frac{1}{2}F_{ij}^{(n)}\mathrm{d}x^i\wedge\mathrm{d}x^j$$

且

$$F_{ij}^{(n)}=-\mathrm{Im}(\langle\partial_i n|\partial_j n\rangle-\langle\partial_j n|\partial_i n\rangle) \tag{2.71}$$

注意，在做相变换(2.58)时，物理量 $A^{(n)}$ 做了如下变换

$$A^{(n)}\to A'^{(n)}=A^{(n)}-\mathrm{d}\alpha_n \tag{2.72}$$

分量形式可写为，

$$A'^{(n)}_k=A_k^{(n)}-\partial_k\alpha_n \tag{2.73}$$

公式(2.73)与经典电动力学中的矢势相同，因此也被称为 Berry 矢势。因为 $d^2\alpha_n$，$F^{(n)}$ 具有完全规范不变性，所以公式(2.68)中的 Berry 相 $\gamma_n(C)$ 也具有规范不变性。$F^{(n)}$ 决定磁场的矢势 $A^{(n)}$，由公式(2.68)可知，Berry 相位 $\gamma_n(C)$ 与电磁理论中的磁通量相类似，即

Berry 相 $\gamma_n(\partial\Sigma) = F^{(n)}$ 在 Σ 环路所围曲面的磁通量

下面通过广义谐振子说明绝热演化的 Berry 相，广义谐振子的考虑哈密顿量为：

$$\hat{H}(R) = \frac{1}{2}[X\hat{q}^2 + Y(\hat{q}\hat{p} + \hat{p}\hat{q}) + Z\hat{p}^2] \tag{2.74}$$

由上式可以看出哈密顿量依赖于一系列外部参数 $R: = (X, Y, X) \in R^3$。对于参数 R 的固定值，满足下面的特征值方程

$$\hat{H}(R)\psi_n(R) = E_n(R)\psi_n(R) \tag{2.75}$$

将式(2.74)代入(2.75)，量子化后形式为：

$$-\frac{Z\hbar^2}{2}\frac{\mathrm{d}^2\psi_n}{\mathrm{d}q^2} - i\hbar Yq\frac{\mathrm{d}\psi_n}{\mathrm{d}q} + \left(\frac{Xq^2}{2} - i\hbar\frac{Y}{2}\right)\psi_n = E_n\psi_n \tag{2.76}$$

上式的归一化解为

$$\psi_n(q;\ R) = \left(\frac{\omega}{Z\hbar}\right)^{1/4}\chi_n\left(q\sqrt{\frac{\omega}{Z\hbar}}\right)\exp\left(\frac{iYq^2}{2Z\hbar}\right) \tag{2.77}$$

广义谐振子的频率为

$$\omega: = (XZ - Y^2)^{1/2} \tag{2.78}$$

所以，第 n 个 Hermite 函数 χ_n 定义如下：

$$\chi_n(x) = (n!\ 2^n\sqrt{\pi})^{-1/2}\mathrm{e}^{-x^2/2}H_n(x) \tag{2.79}$$

式中 H_n 是第 n 个 Hermite 多项式，满足下式：

$$\frac{\mathrm{d}^2H_n(x)}{\mathrm{d}x^2} + (2n + 1 - x^2)H_n(x) = 0 \tag{2.80}$$

式(2.78)要求满足下面条件

$$XZ > Y^2 \tag{2.81}$$

这意味着对应的参数流形 M 是 R^3 的子集，即

$$M: = \{(X, Y, Z) \in \mathbb{R}^3 \mid XZ > Y^2\}$$

所以，谐振子的能量本征值：

$$E_n: = \hbar\omega\left(n + \frac{1}{2}\right) \tag{2.82}$$

将波函数(2.77)代入式(2.70)，得到 $F^{(n)}$

$$F^{(n)} = -\operatorname{Im}\mathrm{dR}\int\mathrm{d}q\psi_n^*(q;\ \mathrm{R})\mathrm{dR}\psi_n(q;\ \mathrm{R})$$

$$= -\frac{1}{Z\hbar}\mathrm{dR}\left\{\frac{\omega}{Z\hbar}\int_{-\infty}^{\infty}\mathrm{d}q\,\chi_n^2\left(q\sqrt{\frac{\omega}{Z\hbar}}\right)q^2\mathrm{dR}\left(\frac{Y}{Z}\right)\right\} \tag{2.83}$$

令

$$\xi := q\sqrt{\frac{\omega}{Z\hbar}} \tag{2.84}$$

利用 Hermite 函数的性质，即：

$$\int_{-\infty}^{\infty}\mathrm{d}\xi\xi^2\chi_n^2(\xi) = n + \frac{1}{2} \tag{2.85}$$

式(2.83)可简化为

$$F^{(n)}(\mathrm{R}) = -\frac{n+\frac{1}{2}}{2}\mathrm{dR}\left(\frac{Z}{\omega}\right)\wedge\mathrm{dR}\left(\frac{Y}{Z}\right) \tag{2.86}$$

通过简单计算可得到

$$F^{(n)}(\mathrm{R}) = \frac{n+\frac{1}{2}}{2}\frac{X\mathrm{dR}Y\wedge\mathrm{dR}Z + Y\mathrm{dR}Z\wedge\mathrm{dR}X + Z\mathrm{dR}X\wedge\mathrm{dR}X}{4(XZ - Y^2)} \tag{2.87}$$

所以，绝热循环演化的 Berry 相为

$$\gamma_n(C) = \int_{\Sigma}F^{(n)} \tag{2.88}$$

这里的Σ是 M 中的任意二维曲面，以 C 为边界。

几何相的测量

如果量子演化是循环的，那么就可以通过测量 $\psi(0)$ 到 $\psi(T)$ 之间的相对相位，来测量 Berry 相。假设系统在 $t=0$ 时被分成两个子系统，其中一个是绝热循环，另一个不是绝热演化。在演化过程中，两个子系统将分别获得 φ_1 和 φ_2 两个动力学相。然而，循环演化结束后，系统还将会得到一个与循环参数相关的几何相，Berry 相位 $\gamma_n(C)$ 。如果子系统在 $t = T$(T 为循环周期)处重新相遇，则它们相遇叠加后的干涉强度为

$$\begin{aligned} I^2 &\propto |\exp[i(\varphi_1 + \gamma_n(C)] + \exp(i\varphi_2)|^2 \\ &= 4\cos^2\left(\frac{1}{2}[\varphi_1 - \varphi_2 + \gamma_n(C)]\right) \end{aligned} \tag{2.89}$$

由上式可知，如果动力学相位 φ_1 和 φ_2 已知，我们可以通过测量几何相位 $\gamma_n(C)$ ，判断干涉图形中的位移。这种干涉实验包括相同的(初始)状态和每个子系统哈密顿量。假设在 $t = 0$ 时，初始状态是一个叠加态

$$\psi(0) = a_n|n\rangle + a_m|m\rangle \tag{2.90}$$

其中 $|n\rangle$ 和 $|m\rangle$ 是 $H(0)$ 的特征向量。现在让哈密顿量 H 沿任意曲线 C 绝热演

化，当 $H(T)=H(0)$ 时，可以得到

$$\psi(T)=a_m\exp[i(\varphi_m+\gamma_m(C)]\mid m\rangle+a_n[i(\varphi_n+\gamma_n(C)]\mid n\rangle\mid n\rangle+a_m\mid m\rangle \tag{2.91}$$

如果力学量 A 是一个自洽的可观测量，且与 $H(0)$ 不对易。我们很容易发现

$$\begin{aligned}\langle\psi(T)\mid A\mid\psi(T)\rangle=&\mid a_m\mid^2\langle m\mid A\mid m\rangle+\mid a_n\mid^2\langle n\mid A\mid n\rangle\\&+2\mathrm{Re}(a_m a_n^*\langle n\mid A\mid m\rangle\exp[i(\varphi_n-\varphi_m+\gamma_n(C)-\gamma_m(C))])\end{aligned} \tag{2.92}$$

显然，如果 A 与 $H(0)$ 对易，则 $\langle n\mid A\mid m\rangle\sim\delta_{m,n}$，从而消除了 m≠n 的干涉。在这类实验中只要我们知道相应的动力学相位 ϕ_n 和 ϕ_m，就可以测出几何相位 $\gamma_n(C)\sim\gamma_m(C)$ 的差。

Berry 相的几何意义

Berry 提出几何相公式后不久，Simon 指出，量子绝热 Berry 相有一个优美的数学解释—特定纤维丛中的一个确定联络。通俗来讲，就是由不可积性引起的某些量的参量循环变化一周后，无法回到其初始值的现象。对于 Berry 相，如果定义参数空间 M 为基空间，$X\in M$ 的纤维定义为哈密顿量 $H(X)$ 的第 n 个本征空间，这些本征空间构成基空间上的一个厄米纤维丛，由基空间诱导出纤维丛上的一个自然联络。这一由能量本征态绝热演化成纤维丛上平行演化的条件，可从联络形式方程给出。同样地，联络二形式由(方程 2.70)给出，Berry 称其为相位二形式，通过 C 通量可以给出几何相。因此，Berry 相因子可解释为纤维丛上的元素沿曲线 C 做平行演化引起的 Holonomy 效应。

简并态几何相

在 Berry 提出绝热演化的几何相之后，众多物理学家和物理爱好者投入到几何相领域，拓展并推广了几何相的概念。最著名的是在 1985 年，Wliczek 和 Zee 将几何相拓展到具有简并的量子系统，提出了简并态几何相，又称 Wliczek-Zee 相。Wliczek 指出参数空间的等效矢量势是非阿贝尔(Abel)规范场，把 $U(1)$ 厄米丛推广到 $U(N)$ 情况。近年来，在光学和凝聚态系统中实现非阿贝尔(Abel)规范场已成为一个热点研究课题。考虑多重参数 $\mathbf{R}(t)$ 含时的哈密顿量 $\hat{H}(\mathbf{R}(t))$，它有 N 个含时简并基态。薛定谔(Schrödinger)方程的一般基态解是简并基态的叠加

$$\mid\psi(t)\rangle=\sum_{n=1}^{N}c_n(t)\mid n(t)\rangle \tag{2.93}$$

将上式代入含时薛定谔(Schrödinger)方程，假设基态能量为零，把 N 个系数排成矩阵，就可以得到

$$\psi(t)=\mathrm{e}^{i\gamma(t)}\psi(0) \tag{2.94}$$

其中

$$\psi(t)=\begin{pmatrix}c_1(t)\\c_2(t)\\\vdots\\c_N(t)\end{pmatrix}$$

是旋量态，$\psi(0)$ 是初始的旋量态。如果经过一长段时间 T 后，参数回到其初始值，即 $\mathbf{R}(T)=\mathbf{R}(0)$，这样几何相位只依赖于参数空间的回路 C

$$\gamma=\int_C \mathbf{A}\cdot \mathrm{d}\mathbf{R} \tag{2.95}$$

其中 $\mathbf{A}$ 是参数空间矢量场矩阵，矩阵元定义为

$$\mathbf{A}_{m,n}=i\langle m(\mathbf{R})\mid \frac{\partial}{\partial \mathbf{R}}\mid n(\mathbf{R})\rangle$$

显然，矢量场矩阵 $\mathbf{A}$ 是非阿贝尔(Abel)场。

Aharonov-Anandan 相

随后几年，Aharonov 和 Anandan 把绝热近似条件去掉，得到周期演化系统的几何相，又称之为 AA 相位[25]。如果哈密顿量依赖的含时参数是周期演化的，则波函数 $\mid\psi\rangle$ 按薛定谔(Schrödinger)方程周期演化

$$H(t)\mid\psi(t)\rangle=i\hbar\frac{\mathrm{d}}{\mathrm{d}t}\mid\psi(t)\rangle \tag{2.96}$$

经历一个周期 T 后，量子态会多出一相位

$$\mid\psi(t)\rangle=\mathrm{e}^{i\varphi}\mid\psi(0)\rangle \tag{2.97}$$

对波函数 $\mid\psi(t)\rangle$ 进行含时规范变换 $\mid\tilde{\psi}(t)\rangle=\mathrm{e}^{-ig(t)}\mid\psi(t)\rangle$，满足 $g(T)-g(0)=\varphi$。因此，经历一个周期后，利用方程(2.97)，可得

$$\begin{aligned}\mid\tilde{\psi}(T)\rangle&=\mathrm{e}^{-ig(T)}\mid\psi(T)\rangle=\mathrm{e}^{-ig(T)}\mathrm{e}^{i\varphi}\mid\psi(0)\rangle\\&=\mathrm{e}^{-ig(T)}\mathrm{e}^{i\varphi}\mathrm{e}^{ig(0)}\mid\tilde{\psi}(0)\rangle=\mid\tilde{\psi}(0)\rangle\end{aligned} \tag{2.98}$$

由此看出，含时规范变换后的波函数，经过一个周期演化之后没有相位变化。将方程(2.98)代入 Schrödinger 方程(2.96)可得时空函数的全导数

$$-\frac{\mathrm{d}g}{\mathrm{d}t}=\frac{1}{\hbar}\langle\psi(t)\mid H\mid\psi(t)\rangle-\langle\tilde{\psi}(t)\mid i\frac{\mathrm{d}}{\mathrm{d}t}\mid\tilde{\psi}(t)\rangle \tag{2.99}$$

不难证明经过一个周期演化后，总相位中移除通常的动力学相位后，还有一个几何相位，即

$$\gamma(T)=\int_0^T\langle\tilde{\psi}(t)\mid i\frac{\mathrm{d}}{\mathrm{d}t}\mid\tilde{\psi}(t)\rangle\mathrm{d}t \tag{2.100}$$

由此可看出这样定义的几何相不依赖于绝热演化，若考虑绝热条件，方程可回到

前面提到的 Berry 相。

2.4.3 绝热经典几何角

考虑具有 N 个自由度的量子或经典系统，其哈密顿量 $H(q, p; X(t))$ 取决于一组缓慢变化的参数 $X=\{X_\mu\}$ 以及动力学变量或算符 $q=\{q_i\}$，$p=\{p_j\}$，$(i \leqslant j \leqslant N)$，系统的演化由绝热定理决定。1962 年，Messiah 指出在量子情形，由一个或多个参数表示 $n=\{n_i\}$ 开始处于本征状态的系统，将保持在同一个本征态 $|n, X(t)\rangle$，能量 $E_n(X(t))$，随 X 变化。1925 年，狄拉克指出，在经典情形下，轨道最初是在 N 维相空间环面，其作用量 $I=\{I_j\}$。此后，系统将继续在作用量相同的不同环面上运动。绝热定理不能成功解释演化过程的这一重要特性，即经过一段时间 T 后，哈密顿量是否回到原来的状态，例如 $X(T)=X(0)$。因此，我们在参数 X 描述的空间里，选择沿曲线 C 描述系统的演化。

从量子力学层面分析，系统的这一特性是几何相因子 $\exp(i\gamma_n(C))$ 在环路 C 上不断积累的结果：如果初始状态为 $|\Psi(0)\rangle$，时刻 T 的状态为

$$|\Psi(T)\rangle=\exp(i\gamma_n(C))\exp\left(-\frac{i}{\hbar}\int_0^T \mathrm{d}tE_n(X(t))\right)|\Psi(0)\rangle \tag{2.101}$$

第一项是 Berry 和 Simon 提出的几何相因子，其实是 $U(1)$ 厄米丛由 Bott-Chern 联络产生的反常和乐，第二项是我们熟悉的动力学相因子。

从经典层面分析，绝热定理不能描述与作用量共轭角变量 $\theta=\{\theta_j\}$ 的角变化 $\Delta\theta(I, C)$，如果初始角变量为 $\theta(0)$，沿曲线 C 演化一个周期 T 后，系统在环面上的位置由下式确定：

$$\theta(T)=\theta(0)+\int_0^T \mathrm{d}t\omega(I; X(t))+\Delta\theta(I, C) \tag{2.102}$$

其中 $\omega(I; X(t))$ 是瞬时频率。可积系统缓慢演化产生角变化的特性是由 Hannay 在 1984 年首先发现的，我们定义这个角变化为“经典绝热角”或“Hannay 角”。

正则变换

在经典力学中，只要知道了某时刻系统的广义坐标 q_σ 和广义动量 p_σ，$\sigma=1, 2, \cdots, f$，f 为自由度，就可算出其在此时刻的所有力学量。定义系统哈密顿量为

$$H=\sum_{\sigma=1}^{f}\dot{q}_\sigma p_\sigma - L \tag{2.103}$$

其中 L 为系统的拉氏量。

所以哈密顿正则方程为

$$\dot{q}_\sigma=\frac{\partial H}{\partial p_\sigma} \qquad \dot{p}_\sigma=-\frac{\partial H}{\partial q_\sigma} \tag{2.104}$$

这是由 f 个函数 q_σ 和 f 个函数 p_σ，$\sigma=1, 2, \cdots, f$ 组成的 $2f$ 个一阶常微分方程，

起始条件包括起始时刻的广义坐标和广义动量，满足完备性条件。由此可见，只要知道了一个时刻系统的全部广义坐标和广义动量，就能算出该时刻系统的全部力学量，并且还可以借助于哈密顿正则方程，算出其他任何时刻系统的全部广义坐标和广义动量。也就是说，系统的运动状态完全可以由广义坐标和广义动量来描述。由广义坐标和广义动量组成的空间，称之为相空间，因此系统的某个运动状态对应于相空间的某一个点，我们称之为相点。f 个广义坐标和 f 个广义动量对应 $2f$ 维相空间，在经典力学中，这种表述形式称为哈密顿正则形式。

为了进一步讨论正则变换，我们重新定义正则变量。$2f$ 个独立变量 Q_σ，P_σ，（$\sigma = 1, 2\cdots f$），若能完全描述运动状态且随时间演化的方程，具有哈密顿正则方程的形式：

$$\dot{Q}_\sigma = \frac{\partial K}{\partial P_\sigma} \qquad \dot{P}_\sigma = -\frac{\partial K}{\partial Q_\sigma} \tag{2.105}$$

Q_σ，P_σ 称为一组正则变量，这里的哈密顿量 K 与前面定义的哈密顿量 H 不一定相等。q_σ，p_σ 满足正则方程（2.104），自然也是一组正则变量。由此可看出 (K, Q_σ, P_σ) 和 (H, q_σ, p_σ) 都能“正则地”描述同一系统，满足正则方程，由变分原理可知

$$\delta\int(P_\sigma dQ_\sigma - K\mathrm{d}t) = 0 \tag{2.106}$$

与

$$\delta\int(p_\sigma dq_\sigma - H\mathrm{d}t) = 0 \tag{2.107}$$

是等价的，这里 $dq_\sigma = \dot{q}_\sigma \mathrm{d}t$，$dQ_\sigma = \dot{Q}_\sigma \mathrm{d}t$。因为描述的是同一系统，在标度单位不变的情况下，变分号下的两个微分式至多差一个全微分项：

$$p_\sigma dq_\sigma - P_\sigma dQ_\sigma + (K - H)\mathrm{d}t = dF(q, Q, t) \tag{2.108}$$

即

$$\begin{aligned} p_\sigma &= \frac{\partial F}{\partial q_\sigma} = p_\sigma(q, Q, t) \\ P_\sigma &= -\frac{\partial F}{\partial Q_\sigma} = P_\sigma(q, Q, t) \\ K &= H + \frac{\partial}{\partial t}F(q, Q, t) \end{aligned} \tag{2.109}$$

满足（2.109）式则必能使（2.106）和（2.107）式等价，但反过来使二者等价，即同时满足正则方程不一定必须有（2.109）式。

下面举例说明：设变换 $Q = q$，$P = ap$，$K = aH$，a 为常数，则

$$\dot{Q} = \dot{q} = \frac{\partial H}{\partial p} = \frac{\partial K}{\partial P},\ \dot{P} = a\dot{p} = -a\frac{\partial H}{\partial q} = -\frac{\partial K}{\partial Q} \tag{2.110}$$

(2.110)式维持正则方程不变，但此变换不满足(2.109)式。不难看出量子描述作用量之间存在的关系：$I' = aI$，而(2.109)式包含了维持作用量(规范)不变的条件，最多差一规范可加项。由此可得到，正则变换都是由一个辅助函数 $F(q, Q, t)$ 确定的，在此意义下，称 $F(q, Q, t)$ 为正则变换的“母函数”或“生成函数”。适当选取母函数，可设计出各种各样的正则变换，从而提供了简化力学问题求解的可能性。在此基础上发展起来的哈密顿-雅可比方程已成为经典力学的重要内容。下面具体介绍哈密顿-雅可比方程：将母函数用 $S(q, P, t)$ 代替，称之为哈密顿主函数，它是广义坐标和时间的函数，变换后的广义动量因不随时间变化，只是作为参数出现在其中，将变换前的哈密顿量记为 $H(q_1, q_2, \cdots, q_f, p_1, p_2, \cdots, p_f, t)$，为使变换后的哈密顿量 $K=0$，哈密顿主函数应满足方程

$$H(q_1, q_2, \cdots, q_f, p_1, p_2, \cdots, p_f, t) + \frac{\partial S}{\partial t} = 0 \tag{2.111}$$

上式称为哈密顿-雅可比方程，是主函数 $S(q, P, t)$ 的一阶 $f+1$ 维偏微分方程。正则变换理论的基本思想是要设计一种正则变换，使变换后的哈密顿量 $K=0$，使得新正则变量 Q_σ，P_σ 按正则方程不随时间变化，而系统的状态和力学量依旧随时间变化，这种理论是将变化转移到变换之中。

作用量和角变量

作用量-角变量是一套很有用的正则变量。其中角变量相当于广义坐标，作用量相当于广义动量。它适用于可分离变量的多周期保守系统。多周期指个自由度分别作周期运动。在各自由度周期运动频率不可通约的情形中整个系统的运动并不是周期的，即在任何有限时间内整个系统都不会回到初始状态。考虑对正则变量(q_σ，p_σ)的一个正则变换，其母函数 $W(q_1, q_2, \cdots, q_f, \alpha_1, \alpha_2, \cdots, \alpha_f)$ 不显含时间且符合方程

$$H\left(q_1, q_2, \cdots, q_f, \frac{\partial W}{\partial q_1}, \frac{\partial W}{\partial q_2}, \cdots, \frac{\partial W}{\partial q_f}\right) = \alpha_1 \tag{2.112}$$

此方程只针对保守系，即哈密顿量 H 不显含时间的系统才有可能。由于不显含时间，所以正则变换后的哈密顿量 K 与变换前的哈密顿量 H 相等，变换后的所有广义坐标为

$$\beta_\sigma = \frac{\partial W}{\partial \alpha_\sigma}, \ \sigma = 1, 2, \cdots, f \tag{2.113}$$

新正则变量系统为 $(\beta_\sigma, \alpha_\sigma)$ 中所有广义坐标为 β_σ，且为循环坐标，所有广义动量为 α_σ，且守恒。接着系统可分离变量，即

$$W = \sum_{\sigma=1}^{f} W_\sigma(q_\sigma, \alpha_1, \alpha_2, \cdots, \alpha_f) \tag{2.114}$$

因此，变换前的广义动量

$$p_\sigma = \frac{\partial W}{\partial q_\sigma} = \frac{\partial W_\sigma}{\partial q_\sigma} \tag{2.115}$$

运动一个周期的作用量为

$$J_\sigma = \oint p_\sigma \mathrm{d}q_\sigma = \oint \frac{\partial W_\sigma}{\partial q_\sigma} \tag{2.116}$$

值得注意的是，系统在某一自由度运动一个周期后，该自由度的广义坐标并不一定能回到它的初始值。因此，一个周期后的作用量也就不一定为零。式(2.116)对广义坐标积分后，作用量为 f 个参数 α_1，α_2，…，α_f 的函数，即 $J_\sigma(\alpha_1, \alpha_2, \cdots, \alpha_f)$ 。由于可得到了 f 个独立函数 $J_\sigma(\alpha_1, \alpha_2, \cdots, \alpha_f)$ ，于是我们便可反解出 f 个参数 $\alpha_\sigma(J_1, J_2, \cdots, J_f)$ ，它们是 f 个作用量的函数，即 $\alpha_\sigma(J_1, J_2, \cdots, J_f)$ 。所以这里的函数 $\alpha_\sigma(J_1, J_2, \cdots, J_f)$ 即是变换后的哈密顿量 $H(J_1, J_2, \cdots, J_f)$ 。此操作相当于又作一次正则变换，$J_\sigma(\alpha_1, \alpha_2, \cdots, \alpha_f)$ 为变换后广义动量，

$$\varphi_\sigma = \frac{\partial W}{\partial J_\sigma} \tag{2.117}$$

上式称为变换后的广义坐标。由于哈密顿量只与作用量有关，角变量都为循环坐标，于是

$$\dot{J}_\sigma = 0,\ \sigma = 1,\ 2,\ \cdots,\ f \tag{2.118}$$

即作用量守恒。而

$$\dot{\varphi} = \frac{\partial H}{\partial J_\sigma} \equiv \nu_\sigma,\ \sigma = 1,\ 2,\ \cdots,\ f \tag{2.119}$$

均为常数。角变量随时间的变化

$$\varphi_\sigma = \nu_0 t + \beta'_\sigma \tag{2.120}$$

是线性的，常数 β'_σ 为角变量的初值。在广义坐标和广义动量变化一个周期，角变量的变化为

$$\Delta\varphi_\sigma = \oint \frac{\partial^2 W}{\partial J_\sigma \partial q_\sigma} \mathrm{d}q_\sigma = \frac{\partial}{\partial J_\sigma} \oint p_\sigma \mathrm{d}q_\sigma \tag{2.121}$$

于是在哈密顿量不显含时间的条件下，哈密顿主函数可分离变量，将时间分离出来，即

$$\begin{aligned} & S(q_1,\ q_2,\ \cdots,\ q_f,\ J_1,\ J_2,\ \cdots,\ J_f,\ t) \\ & = W(q_1,\ q_2,\ \cdots,\ q_f,\ J_1,\ J_2,\ \cdots,\ J_f) - H(J_1,\ J_2,\ \cdots,\ J_f)\, t \end{aligned} \tag{2.122}$$

所以 S 作为母函数，正则变量从 (q_σ, p_σ) 变换为 (β_σ, J_σ) ，这里的

$J_\sigma(\alpha_1, \alpha_2, \cdots, \alpha_f)$ 为变换后的广义动量，与之相对应的正则共轭广义坐标为

$$\beta_\sigma = \frac{\partial S}{\partial J_\sigma} = \frac{\partial W}{\partial J_\sigma} - \frac{\partial H}{\partial J_\sigma}t \tag{2.123}$$

Hannay 角

事实上，Hannay 角是 Berry 相位的经典对应。1985 年，Berry 系统地介绍了 Hannay 角，并讨论了 Berry 相和 Hannay 角之间存在的关系。考虑一个随参数循环演化的 N 维经典系统 $H(p, q, X)$，其中 $q = (q_1, \cdots, q_N)$ 和 $p = (p_1, \cdots, p_N)$ 分别为系统的动量和坐标，$X = (X_1, \cdots, X_N)$ 为含时演化参数。对于这样的系统，我们可以通过由生成函数 $S^{(\alpha)}(q, I, X(t))$ 决定的正则变换引入作用量和角变量 I，θ：

$$(q, p) \leftarrow S^{(\alpha)}[q, I, X(t)] \rightarrow (\theta, I)$$

$$p^{(\alpha)} = \frac{\partial S^{(\alpha)}}{\partial q} \theta^{(\alpha)} = \frac{\partial S^{(\alpha)}}{\partial I} \tag{2.124}$$

其中 α 标记 S 的不同分支，从图 2.1[27] 我们可以看出，在一个给定的环面上，一个给定的 q 值，不是对应一个独立的 p 值，而是对应多个 p 值。所以，生成函数 S 不可避免地也是一多值函数。由于积分存在不确定性，所以正则变换后的新哈密顿量 $\bar{H}$ 与旧哈密顿量 $\tilde{\mathbf{H}}$ 在函数的形式和取值上就会不同，且存在以下关系

$$\bar{H}(\theta, I, t) = \tilde{\mathbf{H}}(I, X(t)) + (\mathrm{d}X/\mathrm{d}t)(\partial/\partial X) S^{(\alpha)}(q, I, X(t)) \tag{2.125}$$

其中

$$\tilde{\mathbf{H}}(I, X(t)) = H(q(\theta, I, X(t)), p(\theta, I, X(t)), X(t))$$

为了得到新哈密顿量的精确形式，我们定义如下的单值函数

$$\wp(\theta, I, X) = S^{(\alpha)}(q(\theta, I, X), I, X), (0 \leqslant \theta \leqslant 2\pi) \tag{2.126}$$

于是有

$$\frac{\partial S^{(\alpha)}}{\partial X} = \frac{\partial \wp}{\partial X} - \frac{\partial S^{(\alpha)}}{\partial q}\frac{\partial q}{\partial X} = \frac{\partial \wp}{\partial X} - p^\alpha \frac{\partial q}{\partial X} \tag{2.127}$$

因此，新哈密顿量可表示为

$$\bar{H}(\theta, I, t) = \tilde{\mathbf{H}}(I, X(t)) + \frac{dX(t)}{\mathrm{d}t}$$

$$\left\{\frac{\partial \wp}{\partial X}[\theta, I, X(t)] - p[\theta, I, X(t)]\frac{\partial q}{\partial X}[\theta, I, X(t)]\right\} \tag{2.128}$$

q 和 p 是 θ 的周期函数，环绕一周单值函数 $\wp$ 的增量为

$$\wp(\theta + 2\pi, I, X) - \wp(\theta, I, X) = \oint p\mathrm{d}q = 2\pi I \tag{2.129}$$

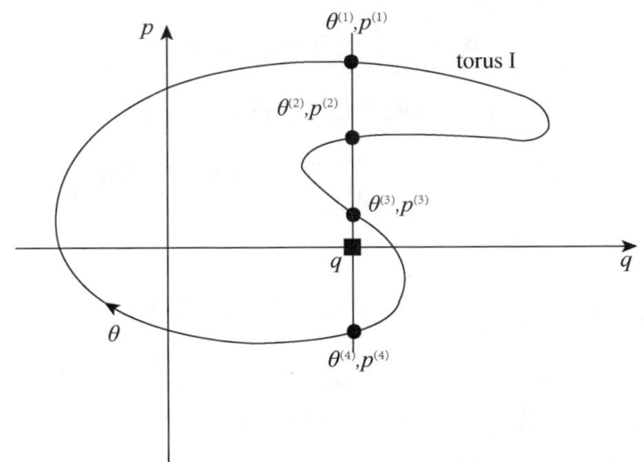

图 2.1 表示由作用量 I 确定的一个单自由度系统的环面，
一个给定的 q 值，对应多个 p 值
图像选自 M. V. Berry, J. Phys. A. 18, 15 (1985)

上式表明单值函数 $\wp$ 与 X 无关。

角变量的哈密顿正则方程为

$$\frac{\mathrm{d}\theta}{\mathrm{d}t}=\frac{\partial \bar{H}}{\partial I} \tag{2.130}$$

将方程(2.128)代入(2.130)，给出了角变量的动力学演化，得到周期演化频率

$$\omega(I,\ X)=\partial\tilde{\mathbf{H}}(I,\ X)/\partial I \tag{2.131}$$

和附加的角变化量

$$\Delta\theta=\int_0^T\mathrm{d}t\,\frac{\mathrm{d}X}{\mathrm{d}t}\,\frac{\partial}{\partial I}\left(\frac{\partial\wp}{\partial X}-p\,\frac{\partial q}{\partial X}\right) \tag{2.132}$$

同时利用绝热定理和平均化原则，角变量可表示为

$$\Delta\theta=\oint\mathrm{d}X\,\frac{\partial}{\partial I}\,\frac{1}{(2\pi)^N}\oint\mathrm{d}\theta\left\{\frac{\partial\wp}{\partial X}(\theta,\ I,\ X)-p(\theta,\ I,\ X)\,\frac{\partial q(\theta,\ I,\ X)}{\partial X}\right\} \tag{2.133}$$

其中 $\oint\mathrm{d}\theta=\prod_{j=1}^{N}\int_0^{2\pi}\mathrm{d}\theta_j$，方程(2.133)是单值函数在参数空间的积分形式，第一项生成函数梯度环路积分后为零。根据斯托克斯公式，第二项可以转化为参数空间的面积分，表面的边界为 C，积分可得，

$$\Delta\theta(I,\ C)=-\frac{\partial}{\partial I}\int_{\partial A=C}W \tag{2.134}$$

其中角度二形式，用微积分形式可表示为

$$W=\frac{1}{(2\pi)^{N}}\oint \mathrm{d}\theta \mathrm{d}p \wedge \mathrm{d}q \tag{2.135}$$

如果我们将含时演化参数 $\{X_{\mu}\}$ 写成三维矢量形式，得

$$\Delta\theta_{j}(I_{j},\ C)=-\frac{\partial}{\partial I_{j}}\iint_{\partial A=C}\mathrm{d}\mathbf{A}\cdot\mathbf{W}(I,\ \mathbf{X}) \tag{2.136}$$

所以，角度二形式又可表示为

$$\mathbf{W}(I,\ \mathbf{X})=\frac{1}{(2\pi)^{N}}\oint \mathrm{d}\theta\ \nabla_{X}p_{j}(\theta,\ I,\ \mathbf{X})\wedge\nabla_{X}q_{j}(\theta,\ I,\ \mathbf{X}) \tag{2.137}$$

公式(2.134)和式(2.136)是物理学家 Hannay 在 1985 年首先得出经典绝热几何角，为了纪念 Hannay 在系统绝热演化方面所做出的巨大贡献，这个附加的角变量物理学上又称之为 Hannay 角。

Hannay 角与 Berry 相的关系：半经典理论

前面所定义的量子几何相位(Berry 相)也可由相位二形式给出

$$\gamma_{n}(C)=-\iint_{\partial A=C}\mathrm{d}\mathbf{A}\cdot\mathbf{V}(n,\ \mathbf{X}) \tag{2.138}$$

其中相位二形式 $\mathbf{V}(n,\ \mathbf{X})$ 表示为

$$\mathbf{V}(n,\ \mathbf{X})=\mathrm{Im}\ \nabla_{X}\wedge\langle n,\ X|\ \nabla_{X}|\ n,\ \mathbf{X}\rangle \tag{2.139}$$

式(2.138)类似于经典几何角式(2.136)。

下面在坐标表象中，定义波函数

$$\psi_{n}=\langle q\mid n,\ \mathbf{X}\rangle \tag{2.140}$$

因此，相位二形式变为

$$\mathbf{V}(n,\ \mathbf{X})=\mathrm{Im}\ \nabla_{X}\wedge\int \mathrm{d}q\psi_{n}^{*}(q,\ \mathbf{X})\ \nabla_{X}\psi_{n}(q,\ \mathbf{X}) \tag{2.141}$$

其中

$$\int \mathrm{d}q=\prod_{j=1}^{N}\int_{-\infty}^{\infty}\mathrm{d}q_{j} \tag{2.142}$$

在半经典理论中，波函数 ψ_{n} 是与一个环面相联系，其作用量由修正玻恩-索末非定则量子化确定，即

$$I_{j}=(n_{j}+\sigma_{j})\ \hbar \tag{2.143}$$

其中 σ_{j} 表示 N 个常数，其值的大小这里不予讨论。由 Maslov 方法可知，波函数可以从相空间到 q 空间投影的环面上得到，即

$$\psi_{n}(q,\ X)=\sum a_{\alpha}(q,\ I,\ X)\exp\left[i\hbar^{-1}S^{(\alpha)}(q,\ I,\ X)\right] \tag{2.144}$$

这里的 a_{α} 表示幅度，满足下面关系

$$a_{\alpha}^{2}=\frac{1}{(2\pi)^{N}}\frac{\mathrm{d}\theta^{\alpha}}{\mathrm{d}q}=\frac{1}{(2\pi)^{N}}\det\left(\frac{d\theta_{i}}{dq_{j}}\right) \tag{2.145}$$

将式(2.144)代入式(2.141)，可得到

$$\mathbf{V}(n, \mathbf{X}) = \frac{1}{\hbar}\nabla_X \wedge \int \mathrm{d}q \frac{1}{(2\pi)^N}\sum_{\alpha}\frac{\mathrm{d}\theta^{\alpha}}{\mathrm{d}q}\nabla_X S^{\alpha}(q, I, \mathbf{X}) \tag{2.146}$$

将积分变量从 q 变到 θ，利用公式(2.126)和(2.127)，可得

$$\begin{aligned}\mathbf{V}(n, \mathbf{X}) &= \frac{1}{\hbar}\nabla_X \wedge \frac{1}{(2\pi)^N}\oint \mathrm{d}\theta(\nabla_X \wp - p\nabla_X q) \\ &= -\frac{1}{\hbar(2\pi)^N}\oint \mathrm{d}\theta\, \nabla_X p_j(\theta, I, \mathbf{X}) \wedge \nabla_X q_j(\theta, I, \mathbf{X}) \\ &= -\frac{1}{\hbar}\mathbf{W}(I, \mathbf{X})\end{aligned} \tag{2.147}$$

最后，将相位二形式和角度二形式联系起来，考虑式(2.136)和(2.138)，经过复杂推导，我们可以得到经典几何角(Hannay 角)和量子几何相(Berry 相)之间的关系

$$\Delta\theta_l(I, C) = -\hbar\frac{\partial}{\partial I_l}\gamma_n(C) = -\frac{\partial\gamma_n(C)}{\partial n_l} \tag{2.148}$$

2.4.4　非绝热经典几何角与 Berry 相

在 Aharonov 和 Anandan 提出非绝热几何相后不久，Berry 发现在经典力学中也存在与其相对应的非绝热经典几何角。为简单起见，我们在相空间考虑一作用量 $I(q, p, X)$ 和角变量 $\theta(q, p, X)$ 系统，其中 $X=(X_1, X_2, \cdots)$ 是一组时间可变的含时参数。作用量围成一系列的一维曲线或环，环面的面积是 $2\pi I$。根据刘维尔理论，在演化的过程中，环面的面积是不变的即作用量 $I(q, p, X)$ 对相空间中任一相点都是常数，所以 $\dot{I}=0$，含时参数 $X(T)=X(0)$。但是演化过程中，角变量是不断变化的，所以演化一周期 T 之后，由图 2.2 可知，角变量发生了变化。

根据 Hannay 提出的经典几何角理论，环面上任一相点的角变化率，都是由相空间中相点的自身运动、作用量和角变量的变化两部分构成

$$\dot{\theta} = \frac{\partial\mathcal{H}}{\partial I} + \dot{X}\partial_X\theta \tag{2.149}$$

其中

$$\mathcal{H}(\theta, I, t) = H(q(\theta, I, X(t)), p(\theta, I, X(t)), t) \tag{2.150}$$

$\partial_X\theta$ 是角变量随含有参数固定坐标 q，p 的变化率。对方程从(2.149)两边积分，可以得到角变化量 $\Delta\theta$，它并不依赖角变量 θ，但方程里有两项分别依赖角变量 θ，下面我们可以通过对常数作用量沿每个环面积分，然后再取平均值消除这种

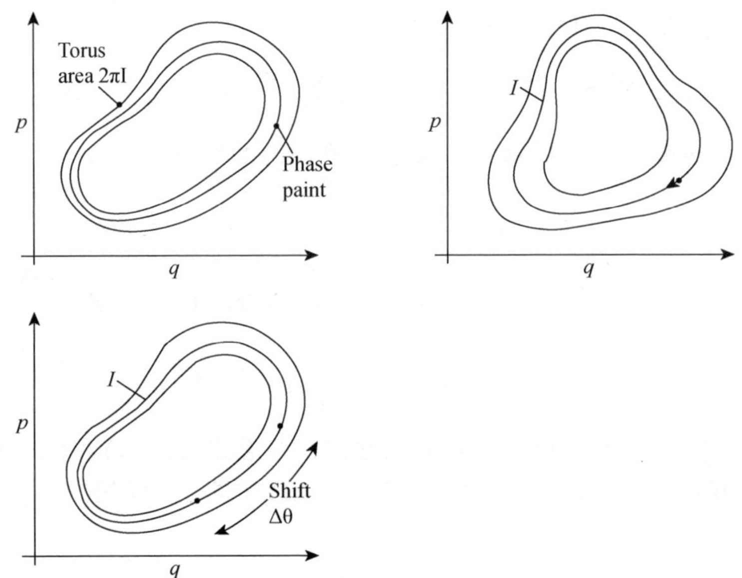

图 2.2　不同时刻环面上相点的移动，显示了从 $0 \to T$ 时刻的角变化 $\Delta\theta$
图像选自 M. V. Berry and J. H. Hannay, J. Phs. A **21** , 325 (1988)

依赖性，接着给出平均值的定义：

$$\langle \cdots \rangle \equiv \int \mathrm{d}q \int \mathrm{d}p \delta(I - I(q,\ p,\ X)) \cdots = \frac{1}{2\pi} \int_0^{2\pi} \mathrm{d}\theta \cdots \tag{2.151}$$

因此，我们可以得到

$$\Delta\theta = \Delta\theta_d + \Delta\theta_g \tag{2.152}$$

其中动力学角为

$$\Delta\theta_d = \int_0^T \mathrm{d}t \langle \partial ?\ /\partial I \rangle \tag{2.153}$$

经典几何角为

$$\Delta\theta_g = \oint \mathrm{d}X \langle \partial_X \theta \rangle = \oint \langle \mathrm{d}\theta \rangle \tag{2.154}$$

$\mathrm{d}\theta$ 为参数空间角度一形式的求导。引入含有参数的生成函数

$$S(q,\ I,\ X) = \int_{q_0}^{q} \mathrm{d}q' p(q',\ I,\ X) \quad p = \partial S/\partial q \quad \theta = \partial S/\partial I \tag{2.155}$$

生成函数用作用量-角变量可表示为

$$\mathcal{R}(\theta,\ I,\ X) = S(q(\theta,\ I,\ X),\ I,\ X) \tag{2.156}$$

根据上面的讨论，于是 $\mathrm{d}\,\mathcal{R} = \mathrm{d}S + p\mathrm{d}q$ ，方程(2.154)中的 $\langle \mathrm{d}\theta \rangle$ 可写为

$$\langle \mathrm{d}\theta \rangle = \langle \mathrm{d}(\partial S/\partial I) \rangle = \mathrm{d}\langle (\partial \mathcal{R}/\partial I) \rangle - \frac{\partial}{\partial I}\langle p\mathrm{d}q \rangle = -\frac{\partial}{\partial I}\langle p\mathrm{d}q \rangle \tag{2.157}$$

其中 $\partial \mathcal{R} / \partial I$ 是周期的，所以平均值为零。

因此，非绝热几何角为

$$\Delta\theta_g = -\frac{\partial}{\partial I}\oint\langle p\mathrm{d}q\rangle = -\frac{\partial}{\partial I}\langle\oint p\mathrm{d}q\rangle = -\frac{\partial}{\partial I}\langle A(\theta, I)\rangle \tag{2.158}$$

其中 $A(\theta, I)$ 是相空间曲线所围面积。如果系统有 N 个自由度，就有 N 个作用量，N 个角变量和 N 个几何角 $\Delta\theta = \{\Delta\theta_l\}$ $(1 \leqslant l \leqslant N)$ ，此时 $A(\theta, I)$ 可表示为

$$A(\theta, I) = \sum_{l=1}^{N}\oint p_l(\theta, I, X)\,\mathrm{d}q_l(\theta, I, X) \tag{2.159}$$

可以证明非绝热几何角和半经典量子几何相同样遵从下列关系式

$$\Delta\theta_g = -\hbar\partial\gamma/\partial I \tag{2.160}$$

2.5　量子—经典对应在实验上的实现

近几年，研究量子力学和经典周期轨道之间的对应关系引起了人们极大的研究兴趣。实验和理论已经证实，简并或接近简并的量子态的相干叠加能够产生局域于经典周期轨道上的量子波函数[34,35]。本书采用的是 SU(2) 自旋相干态叠加，满足波函数的几率云，很好地局域于经典轨道上，满足量子—经典完全对应。那么，在实验上如何直观地观测到波函数几率密度的空间分布与经典周期轨道的一致呢？我们不由地联想到激光器，因为一束相干光波在激光腔中的传播与一量子波函数在介观系统中的传播相类似[36]。也就是这种相似性，使人们逐渐意识到是否可以通过光学的这种特性来实现量子混沌现象，几何相和量子隧穿等。近几年的研究表明，各种激光系统已被广泛地应用于研究光学的一些特性，例如，Laguerre-Gaussian 模式和 Hermite - Gaussian 模式的形成。值得一提的是，台湾交通大学陈永福教授的研究小组，近年来在这方面做了许多重要的工作[37-41]。例如，2003 年，他们发现激光腔中高频简并高阶横向模式的激光能很好地局域于 Lissajous 轨道上，光纤耦合二极管端面泵浦微激光器原理如图 2.3 所示[37]。

而球形激光共振腔中的轴旁波函数与二维谐振子薛定谔方程的解完全一致。二维量子谐振子的波函数能够被解析地表示成坐标（x，y）对称的 Hermite - Gaussian(HG) 函数。因为二维谐振子与球形共振腔是相似的，所以球形共振腔的高阶横向模式可以是 HG 模式。

通过球形共振腔，HG 模式波函数可以写成

$$\Phi_{m,n}^{HG} = \frac{1}{\sqrt{2^{m+n-1}\pi m!\,n!}}\,\frac{1}{{}_0}H_m\left(\frac{\sqrt{2}x}{\varpi_0}\right)H_n\left(\frac{\sqrt{2}y}{\varpi_0}\right)\mathrm{e}^{-\frac{x^2+y^2}{\varpi_0{}^2}} \tag{2.161}$$

其中，$H_n(\cdot)$ 是 n 阶 Hermite 多项式。激光器的共振频率为

$$\nu_{l,m,n} = l(\Delta\nu_L) + (m+n+1)(\Delta\nu_{\mathrm{T}}) \tag{2.162}$$

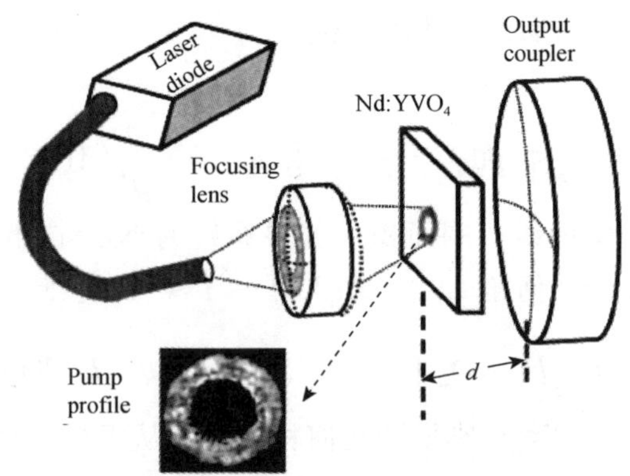

图 2.3　光纤耦合二极管端面泵浦微激光器原理图；左下方是焦平面上光纤耦合激光二极管泵浦光的侧面图；光腔长度为 d，$\Delta\nu_L/\Delta\nu_t=3$

图像选自 Y. F. Chen, Y. P. Lan and K. F. Huang, Phys. Rev. A, 68, 043803（2003）

ϖ_0 是激光束腰，l 是纵向模式指数，m，n 是横向模式指数，$\Delta\nu_L$ 是纵向模间隔，$\Delta\nu_T$ 是横向模间隔。

图 2.4 所示的是平凹透镜共振腔，横向模间隔

$$\Delta\nu_T=\Delta\nu_L\left[\frac{1}{\pi}\cos^{-1}\left(\sqrt{1-\frac{d}{R}}\right)\right] \tag{2.163}$$

其中 d 是腔的长度，R 是输出耦合器的曲率半径。

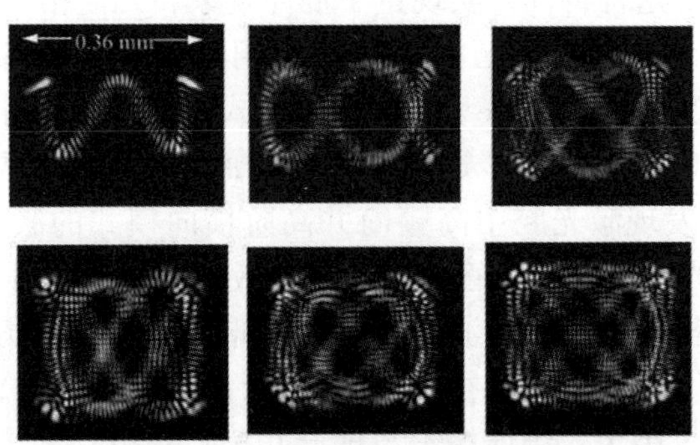

图 2.4　腔长度在 $\Delta\nu_L/\Delta\nu_t=3$ 附近观察到的典型横向模式实验结果图

图像选自 Y. F. Chen, Y. P. Lan and K. F. Huang Phys. Rev. A, 68, 043803（2003）

通过调整腔的长度 d 使 $\Delta\nu_L/\Delta\nu_T$ 的比值是一整数 S，由方程(2.162)可知，减小(增大)纵向模式指数 l，或者增大(减小)横向模式指数 $(m+n)$，激光器的共振频率都不变。实验证明，频率简并度高的装置，能够实现封闭的几何轨道。到目前为止，适合于频率简并腔的横向模式主要集中于一维空间。这里我们使用

图 2.5所示的实验装置研究一晶体 $Nd:YVO4$(掺钕钒酸钇)a 切片微激光器频率简并腔的二维横向模式。输出耦合器的曲率半径为 10 mm。晶体泵浦光半径控制 $\varpi_p=0.16\sim0.22$ mm。

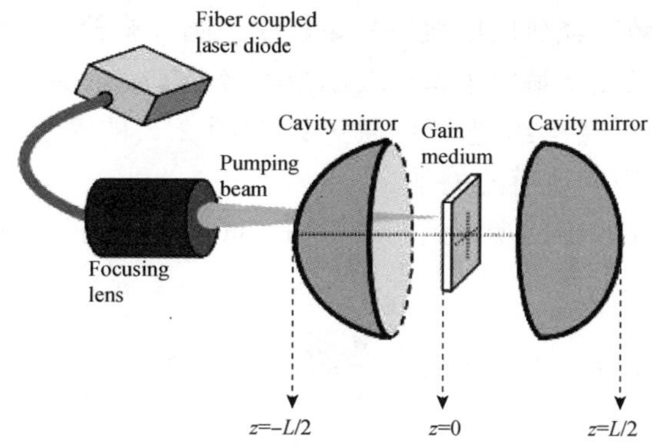

图 2.5　一偏离对称轴的二极管泵浦激光，进入一对称球共振腔中，产生三维相干波的实验装置。

图像选自 Y. F. Chen, T. H. Lu, K. W. Su and K. F. Huang, Phys. Rev. Lett. 96, 213902, (2006).

实验显示泵浦环的厚度近似地表示为 $\Delta\varpi_p=0.025+0.16\varpi_p$(mm)，使用腔的尺寸大小为 $\varpi_0\approx0.04$ mm。由公式 $Fr=\varpi_p^2/\varpi_0^2$，可估计出菲涅耳系数大约是在 5~10。稍微调整腔的长度在 $\Delta\nu_L/\Delta\nu_T=3$ 附近，控制泵浦斑的大小，如图 2.6 所示的图像就被显示在凹透镜上[38]。

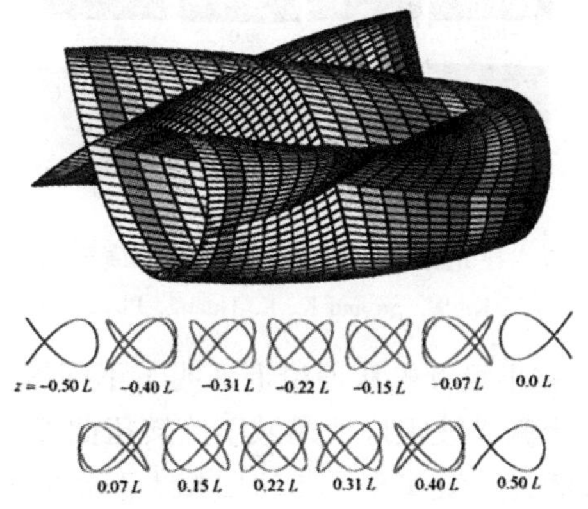

图 2.6　上图：方程(1.4)描述的 Lissajous 参数表面图，其中 z 的取值从 $-L/2$ 到 $L/2$，$(p,\ q)=(3,\ 2)$，$P=2$ 和 $\varphi_0=0$。下图：沿纵轴 z 的层析横截面

图像选自 Y. F. Chen, T. H. Lu, K. W. Su and K. F. Huang, Phys. Rev. Lett. 96, 213902, (2006)

现代物理学中，经典轨道在解释弹道介观结构中的输运和光电分离散射截面

的振动方面起着关键的作用。从实验分析可以看出，HG 模式与二维谐振子的本征态相一致，相应地经典周期轨道是 Lissajous 图形。

另一方面，Laguerre-Gaussian(LG)模式对应于一带电粒子在相互垂直的电磁场中运动的本征函数，经典周期轨道是轮转线、圆外旋轮线、圆内旋轮线和心脏形曲线等。激光器已成功解释了量子波函数和经典 Lissajous 轨道的对应。在此基础上，陈永福教授研究小组进一步通过设计图 2.5 的实验装置，研究了三维(3D)相干态与经典周期轨道的关系。

实验表明，激光腔中的观测到的层析横截面图 2.7 与下面的 Lissajous 参数表面方程

$$x(\vartheta,\ z)=\sqrt{m_0+\frac{M}{2}w(z)}\cos\left[q\vartheta-\frac{\varphi(z)}{p}\right] \tag{2.164}$$

$$y(\vartheta,\ z)=\sqrt{n_0+\frac{M}{2}w(z)}\cos(p\vartheta) \tag{2.165}$$

所描绘的层析横截面图 2.7 下图完全一致，其中 $0\leqslant\vartheta\leqslant 2\pi$，$-\infty\leqslant z\leqslant\infty$。

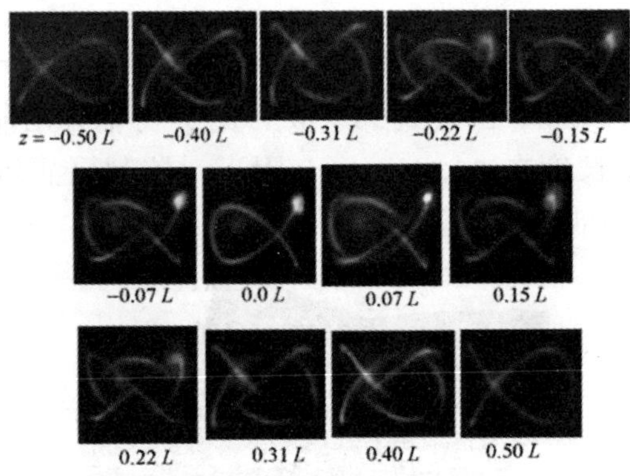

图 2.7　在光腔中观测到的实验层析横截面图像

图像选自 Y. F. Chen, T. H. Lu, K. W. Su and K. F. Huang, Phys. Rev. Lett. 96, 213902, (2006)

2008 年，陈永福研究小组首先从理论上证明了不同纵向指数的简并 LG 模式激光叠加形成的三维相干激光波很好地局域于旋转扭曲参数表面，而且从实验上通过使用大菲涅耳系数激光系统实现了与扭曲相干态相应的激光模式。实验结论表明，这种独特的激光模式来源于两个简并驻波扭曲相干态的叠加。下面是，陈永福研究小组，从实验上观测到的图 2.8。

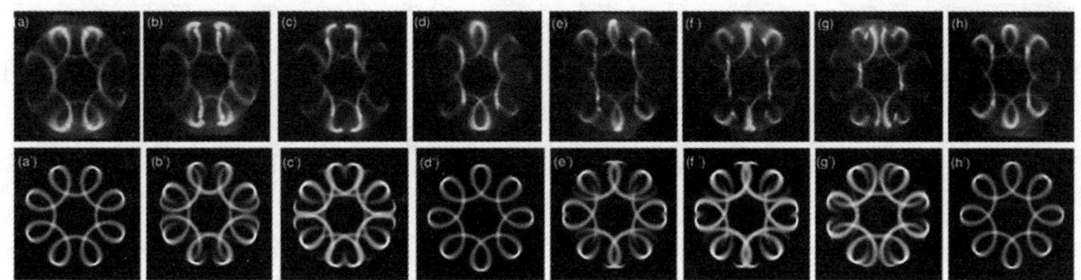

图 2.8 (a′-h′)数值模拟的截面图，(a-h)在激光腔中观测到的实验横截面图
图像选自 T. H. Lu, Y. C. Lin, Y. F. Chen, and K. F. Huang, Phys. Rev. Lett, 101, 233901 (2008)

本章小结

本章首先总结了自量子力学诞生以来，物理学家在量子—经典对应理论方面做的一些理论探索，尤其是玻尔在研究原子结构过程中，指出大量子数极限情况下，微观运动的量子理论应该过渡到经典理论，它为经典理论通向量子理论建立一条桥梁。后来海森伯使用数学形式明确地解释了对应原理。其次，具体分析了泊松括号与量子对易关系、费曼路径积分与经典作用量、Hamilton-Jacobi 方程与薛定谔波动方程、量子 Berry 相和经典 Hannay 角等常见的量子—经典对应关系。最后，近年来激光技术的发展及在实验上的应用，结合博士期间自己的科研工作，为大家介绍了物理学家在实验上探索，为量子—经典对应提供了有效依据。总之，本章较全面地总结了物理学中量子—经典对应理论，对有志于这方面研究的学者，提供一些参考。

参考文献

[1] Lord Kelvin. Nineteenth Century Clouds over the Dynamical Theory of Heat and Light[J]. Phil. Mag., Sixth Series, 1901, 2: 1-40.

[2] Einstein A. Uber eine die Erzeugung and Verwandlung des Lichten betreffenden heuristischen Gesichtspunkt[J]. Ann. Der Physik, 1905, 17: 132-148.

[3] Plank M. Vorlesungenüber die Theorie der Warmestrahlung 2nd edn[M]. Leipzig: Barth, 1913.

[4] 邹艳波. 经典力学与量子力学对应关系研究[D]. 乌鲁木齐: 新疆师范大学, 2008.

[5] Bohr N. Uber die Serienspektra der Elemente Z. Phys[R]. 1920, 2: 423-69.

[6] Bohr N. The structure of the atom Nobel Lecture[R]. 1922.

[7] Bohr N. The structure of the atom[J]. Nature, 1923, 112: 29-41.

[8] Bohr N. Collected Works[M]. New York: North-Holland, 1976.
[9] Heisenberg W. The physical principles of the quantum theory translated by C Eckart and F C Hoyt[M]. New York: Dover, 1949, 116.
[10] Dirac P A M. The fundamental equations of quantum mechanics[J]. Proc. Roy. Soc, 1925, 109: 642-653.
[11] 张治国, 张礼庆. Dirac 方程中的量子—经典对应[J]. 原子与分子物理学报, 25(1), 2008: 203-206.
[12] 胡化凯. 对应原理与矩阵力学的建立[J]. 大学物理, 16(12), 1997: 35-39.
[13] 黄永义, 张淳民. 玻尔氢原子理论、对应原理和矩阵力学[J]. 大学物理, 37(9), 2018: 4-8.
[14] 曾谨言. 量子力学[M]. 3 版. 北京: 科学出版社, 2001: 73-151.
[15] Bohm D, A suggested interpretation of the quantum theory in terms of "Hidden" variables[J]. Phys. Rev., 1952, 85: 166-193.
[16] Kramers H M. Wellenmechanik und halbzahige quantisierung[J]. Zeit Physik, 1926, 39: 828-840.
[17] Wentzel G. Eine Verallgemeinerung der Quantenbedingungen für die Zwecke der Wellenmechanik[J]. Zeit. Physik, 1926, 38: 518-529.
[18] 辛俊丽. 自旋相干态变换在量子—经典对应研究中的应用[D]. 太原: 山西大学, 2015.
[19] R. P. Feynman, PhD. Thesis, Princeton Univ[D]. 1942. A Principle of Least Action in Quantum Mechanics.
[20] R. P. Feynman, Space-time Approach to Non-relativistic Quantum Mechanics[J]. Rev. Mod. Phys., 1948, 20: 367.
[21] R. P. Feynman and A. R. Hibbs, Quantum Mechanics and Path Integral[J]. McGraw-Hill, 1965.
[22] R. P. Feynman, Nobel Lecture in Physics, 1965. The Development of the Space-Time View of Quantum Electrodynamics[J]. Science 1966, 153: 699-708.
[23] M. V. Berry, Quantal phase factors accompanying adiabatic[J]. Proc. R. Soc. A, 1984, 392: 45.
[24] B. Simon. Holonomy, the quantum adiabatic theorem, and Berry's phase[J]. Phys. Rev. Lett., 1983, 51: 2167-2170.
[25] Y. Aharonov and J. Anandan. Phase change during a cyclic quantum evolution [J]. Phys. Rev. Lett., 1987, 58: 1593-1596.
[26] J. H. Hannay. Angle variable holonomy in adiabatic excursion of an integrable

Hamiltonian[J]. J. Phys. A, 1985, 18: 221.

[27] M. V. Berry, Classical adiabatic angles and quantal adiabatic phase[J]. J. Phys. A, 1985, 18: 15-27.

[28] M. V. Berry, J H Hannay, Classical non-adiabatic angles[J]. J Phys. A. Math. Gen. 1988, 21: L325-L331.

[29] 刘昊迪. 量子与经典混合系统中几何相的理论研究[D]. 大连理工大学, 2011: 9-35.

[30] Jie. Liu, Bambi. Hu and Baowen. Li, Nonadiabatic Geometric Phase and Hannay Angle: A Squeezed State Approach[J]. Phys. Rev. Lett., 1998, 81: 1749.

[31] E. J. Galvez et al., Geometric phase associated with mode transformations of optical beams bearing orbital angular momentum [J]. Phys. Rev. Lett., 2003, 90: 203901.

[32] D. Chrusciński and A. Jamiolkowski. Geometric phases in classical and quantum mechanics[M]. Berlin: Birkhäuser, 2004.

[33] A. Shapere and Wilczek. F. Geometric phases in Physics[M]. Singapore: World Scientific.

[34] I. V. Zozoulenko and K. F. Berggren. Quantum scattering, resonant states and conductance fluctuations in an open square electron billiard[J]. Phys. Rev. B, 1997, 56: 6931.

[35] R. Narevich, R. E. Prange, and O. Zaitsev. Square billiard with a magnetic flux [J]. Phys. Rev. E, 2000, 62: 2046.

[36] S. Danakas and P K Aravind. Analogies between two optical systems (photon beam splitters and laser beams) and two quantum systems (the two-dimensional oscillator and the two-dimensional hydrogen atom) [J]. Phys. Rev. A, 1992, 45: 1973.

[37] Y. F. Chen, Y. P. Lan and K. F. Huang. Observation of quantum-classical correspondence from high-order transverse patterns [J]. Phys. Rev. A., 2003, 68: 043803.

[38] Y. F. Chen, T. H. Lu, K. W. Su and K. F. Huang. Devil's staircase in three-dimensional coherent waves localized on Lissajous parametric surfaces[J]. Phys. Rev. Letts., 2006, 96: 213902.

[39] T. H. Lu, Y. F. Chen, and K. F. Huang, Generation of polarization-entangled optical coherent waves and manifestation of vector singularity patterns[J]. Phys. Rev. E, 2007, 75: 026614.

[40] T. H. Lu, Y. C. Lin, Y. F. Chen, and K. F. Huang. Three-dimensional coherent optical waves localized on trochoidal parametric surfaces[J]. Phys. Rev. Letts., 2008, 101: 233901.

[41] Y. F. Chen. Geometry of classical periodic orbits and quantum coherent states in coupled oscillators with SU(2) transformations [J]. Phys. Rev. A, 2011, 83: 032124.

第三章　分数角动量和磁通规范场

近年来，有关量子力学波函数几率云空间分布与经典周期轨道对应相关的二维空间分数角动量问题激起了人们广泛的研究兴趣[1-3]。在二维空间，角动量算符只有一个分量，对角动量本征值不能有任何限制，所以分数角动量在二维多连通空间才有可能。在三维或三维以上的空间，角动量的本征值可以取整数或半整数，这完全是由角动量算符的对易关系决定的。因此，笼统地说，基于波函数 2π 周期边界条件的整数量子化是不太合理的[4,5]。

20 世纪 80 年代，Wilczek 指出二维多连通空间存在分数角动量及奇异统计的可能性，他认为在一个管状磁通外运动的荷电玻色子的角动量与磁通量 Φ 的值有关，因而可取任意分数，并把这一系统取名为任意子(anyon)系统[6-8]。在量子力学中，任意子的角动量是介于整数和半整数之间的任意分数，即自然界中除了整数自旋的玻色子，半整数自旋的费米子外，还存在任意自旋的任意子，而且仅存在于二维多连通空间，因为在二维空间角动量算符只有一个分量，本征值不能被唯一确定，量子化的角动量本征值谱可以被平移任意常量，相等于在波函数中插入了任意一个角相位，产生一个附加的相移，从而形成分数角动量。后来，吴咏诗等人[9]的研究，表明 n 个无相互作用，全同任意子满足奇异统计。山西大学梁九卿教授[10-14]曾使用费曼路径积分同伦类理论，证明在二维多连通空间，分数角动量量子化是存在的，而且有明确的物理意义，同时说明分数自旋与 Aharonov-Bohm 效应存在内在联系，并指出可以通过 Aharonov-Bohm 干涉实验检测任意子存在。从理论上分析，当规范场存在时，力学角动量(KAM)和正则角动量(CAM)是有区别的，正则角动量是守恒量，与规范场有关，量子化的，而力学角动量是一个规范不变的动力学量，有直接的动力学效应。由于规范场的存在，通常情况下正则角动量是分数的，AB 磁通产生的规范势并不影响正则角动量的量子化，仅使正则角动量谱平移一磁通量子数，导致本征函数产生一共同的拓扑相位，即分数角动量。尽管分数正则角动量与 AB 干涉相有关，然而在理论上仍存在争议。随后，Wliczek 将其扩展到超导体中，发现和 Meissner 效应的数学表达式密切相关[15]。

本章主要内容：第一部分，使用路径积分的方法说明当规范场存在时，正则角动量的拓扑效应和力学角动量的动力学效应；第二部分，证明 AB 相位产生的干涉现象，就是由 AB 相位产生的分数角动量引起，并在实验上得以验证；第三部分，通过一局域磁通垂直穿过二维中心势场，研究角动量的分数量子化，磁通规范场的作用和经典-量子对应。

3.1 规范场的拓扑效应和动力学效应

本小节内容是在文献[16]的基础上撰写。同时，设想 AB 规范场中的平面转子是二维空间一简单的平面转子模型：我们可以假定位于圆环中心，存在一与环面垂直的磁通 Φ，现有一带电粒子被约束于环面上运动。对于这样的二维多连通空间可能出现分数角动量，原因是二维转动群 SO(2)的群流形在一维球面是无穷多连通的，角动量本征值不可能被唯一确定。这里我们采用费曼(Feynman)在 20 世纪 40 年代提出的不同于海森伯(Heisenberg)矩阵力学和薛定谔(Schrödinger)的波动力学的路径积分的方法，解出定态磁通和变化磁通两种情况下的本征函数和本征值，分析它们的拓扑效应和动力学效应。

3.1.1 二维多连通空间的路径积分

多连通空间的路径积分应考虑同伦类理论，因为波函数是定义在群流形上，它具有非平庸的拓扑空间，可导致分数角动量。考虑 AB 规范场中的平面转子，从时空点 (r_i, t_i) 到 (r_f, t_f) 的传播子的路径积分为

$$\Lambda(r_f, t_f; r_i, t_i) = \int P(r)\, e^{i\int_{t_i}^{t_f} L\mathrm{d}t} \tag{3.1}$$

其中 $\int P(r)$ 表示对给定初位置和末位置的一切连续变化的可能轨道积分，L 是拉氏量。规定 $n > 0$ 时，$\Lambda_n(r_f, t_f; r_i, t_i)$ 表示从 r_i 开始逆时针旋转 n 此到达 r_f 的所有传播子。负数表示逆时针，n 表示绕数，因此，基空间的传播子应是同伦类传播子的线性叠加

$$\Lambda(r_f, t_f; r_i, t_i) = \sum_n f(q_n)\, \Lambda_n(r_f, t_f; r_i, t_i) \tag{3.2}$$

$f(q_n)$ 是基本群的一维幺正表示，对于二维多连通空间，不难得出

$$f(q_n) = e^{-in\Delta} \tag{3.3}$$

参数 $0 \leqslant \Delta \leqslant 2\pi$，对于非平庸表示，当绕以磁通为中心垂直于二维平面的轴旋转一周时传播子增加一相位，即拓扑相位，根据绕数和传播子的定义，很容易得出

$$\Lambda(r_f, \varphi_f \pm 2\pi, t_f; r_i, \varphi_i, t_i) = e^{i\Delta}\Lambda(r_f, \varphi_f, t_f; r_i, \varphi_i, t_i) \tag{3.4}$$

式(3.4)显示要产生非平庸表示，必须存在使空间扭曲的动力学因素。其中任意非整数的量子磁通规范场是使空间扭曲的一种。

3.1.2　规范场的拓扑效应

为了更好地说明规范场的拓扑效应，我们举一个最简单的例子：质量为 m，电荷为 e 的带电粒子约束于半径为 R 的光滑圆环上，通过环中心并垂直于环面的定态磁通大小为 $\Phi = \alpha\Phi_0$，其中 $0 \leqslant \alpha \leqslant 1$ 是无量纲参数，Φ_0 为磁通量子单位，因此系统的拉氏量可表示为

$$L = \frac{1}{2}I\dot{\varphi}^2 + L_{WZ} \tag{3.5}$$

这里的 $I = mR^2$ 表示转动惯量，$L_{WZ} = \alpha\hbar\dot{\varphi}$ 称为 Wess-Zumino 拓扑相互作用项。根据正则角动量 l^c 定义，可得

$$l^c = \frac{\partial L}{\partial\dot{\varphi}} = I\dot{\varphi} + \alpha\hbar = l^k + \alpha\hbar \tag{3.6}$$

其中 $l^k = I\dot{\varphi}$ 是力学角动量。
所以，哈密顿量为

$$H = \frac{(l^c - \alpha\hbar)^2}{2I} \tag{3.7}$$

将(3.7)式代入正则方程，可得

$$\frac{dl^c}{\mathrm{d}t} = -\frac{\partial H}{\partial\varphi} = 0 \tag{3.8}$$

显然，正则角动量是守恒量。接着，进行变量变换，令

$$\varphi = \varphi + \frac{\alpha\hbar}{I}t \tag{3.9}$$

拉氏量又可表示为

$$L = \frac{I}{2}\dot{\varphi}^2 - \frac{\alpha^2\hbar^2}{2I} \tag{3.10}$$

简单起见，将初始时间和初始角度都选为零，则传播子为

$$\Lambda(\varphi, t; 0) = \sum_n e^{-in\Delta}\Lambda_n(\varphi, t; 0) \tag{3.11}$$

$\Lambda_n(\varphi, t; 0)$ 是同伦类传播子，对于一维环，覆盖空间就像拉直的弹簧，是一直线，绕数就是圈数，且覆盖空间上角变量和基空间角变量之间存在如下关系：

$$\varphi'_n = \varphi + 2n\pi \tag{3.12}$$

其中 $-\infty<\varphi<\infty$，所以

$$\Lambda_n(\varphi,\ t;\ 0)=\Lambda'_n(\varphi'_n,\ t;\ 0) \tag{3.13}$$

将(3.10)式和(3.12)代入(3.11)式，利用路径积分求传播子的方法，求出第 n 个同伦类的传播子

$$\Lambda'_n(\varphi'_n,\ t;\ 0)=\sqrt{\frac{I}{2\pi it\hbar}}\mathrm{e}^{\frac{iI}{2\hbar}\varphi'^2_n-\frac{i\alpha^2\hbar^2}{2I}t} \tag{3.14}$$

返回原变量 φ，可得

$$\Lambda_n(\varphi,\ t;\ 0)=\sqrt{\frac{I}{2\pi it\hbar}}\mathrm{e}^{\frac{iI}{2\hbar t}(\varphi+2n\pi)^2}\mathrm{e}^{i\alpha(\varphi+2n\pi)} \tag{3.15}$$

具体分析：若选初始角度 $\varphi_i=0$，规定 $\varphi=\varphi_f-\varphi_i$，$\varphi_i$ 为顺时针转 2π 回到 φ_i，而 φ_f 表示从 φ_i 逆时针转到 φ_f，如图 3.1 所示，所以 $\varphi=\pi$，根据同伦类传播子的对称性，即同伦类传播子如果相对于穿过磁通中心，并在平面内的任意轴对称，则退化为平庸表示 $\Delta=0$，对称关系表示为

$$\Lambda_n=\Lambda_{-n-1} \tag{3.16}$$

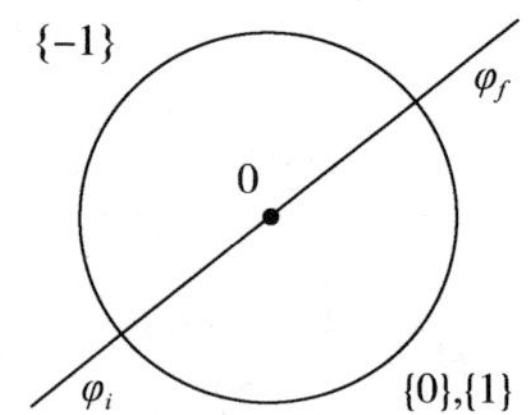

图 3.1　二维平面转子的路径同伦类

图像选自辛俊丽，河南师范大学学报，2012，40(1)，66-69

对于 AB 规范场中的平面转子，因为磁通规范场的存在，方程(3.16)的对称关系破缺，空间被扭曲，现在用 $\varphi=\pi$，可以验证

$$\Lambda_{-n-1}=\Lambda_n\mathrm{e}^{-i2\alpha(2n+1)\pi} \tag{3.17}$$

因此，基空间的传播子可写为

$$\Lambda=\sum_n f(q_n)\Lambda_n \tag{3.18}$$

接着，改变求和指标 $(n\to-n-1)$，利用方程式(3.17)，传播子可改写为

$$\Lambda=\sum_n e^{-i(-n-1)\Delta}\Lambda_n\mathrm{e}^{-2\alpha(2n+1)\pi}=\sum_n f'(q_n)\Lambda_n \tag{3.19}$$

$f'(q_n)$ 也要满足基本群一维幺正表示的特性方程，即

$$f'(q_n)f'(q_m)=f'(q_n+q_m) \tag{3.20}$$

根据方程(3.19)和方程(3.20)，可得相位参数

$$\Delta=2\pi\alpha \tag{3.21}$$

随后，代式(3.21)，式(3.15)入式(3.18)，并运用雅可比函数和雅可比变换，可得

$$\Lambda = \frac{1}{2\pi} \sum_{n} \mathrm{e}^{i(n+\alpha)\varphi} \mathrm{e}^{-\frac{in^2\hbar}{2I}t} \tag{3.22}$$

利用传播子本征函数表示

$$\Lambda = \sum_{n} \psi_{n}(\varphi_{f})\, \mathrm{e}^{-\frac{i}{\hbar}E_{n}(t_{f}-t_{0})}\, \psi^{*}{}_{n}(\varphi_{0}) \tag{3.23}$$

比较方程(3.22)和方程(3.23)，可精确确定规范场中的本征值和本征函数

$$\psi_{n}(\varphi) = \frac{1}{\sqrt{2\pi}}\mathrm{e}^{i(n+\alpha)\varphi},\ E_{n} = \frac{n^{2}\hbar^{2}}{2I} \tag{3.24}$$

这一解的物理意义非常清楚，从经典角度分析，带电粒子是在磁通建立后，才放置在光滑环上的，并未受到感生电场的作用，所以正则角动量在经典力学中没有对应的力学观测量，也就是说，非零的正则角动量在经典力学中的意义并不清楚，但从场论的角度考虑，这种情况下的正则角动量事实上是磁通在运动的带电粒子电场中的内禀角动量。在量子力学中，正则角动量却产生了新的奇特现象，由式(3.24)可知，若 α 为整数时，即磁通是磁通量子单位的整数倍时，是玻色子，旋转一个周期不变号，能谱和自由转子完全一样，不会引起任何量子观察现象，这种现象最早被狄拉克发现，据此提出了磁单极的概念。若 α 为半整数，则为费米子；若 α 为其他任意值(例如分数)的情况，即为任意子(Anyon)，此时的角动量，就是人们常说的分数角动量或任意角动量，这完全是由 AB 磁通的规范场产生的，不受定态磁通的影响，产生了新奇特现象，如著名的 AB 效应，3.2 节我们将详细讲述了 AB 效应的原理以及在实验上的观测方法。

从理论上分析，任意子一般可分为阿贝尔任意子和非阿贝尔任意子。阿贝尔任意子在实验上已被检测到，而且在分数量子霍尔效应中发挥重要的作用[17]。1988 年，Jürg Fröhlich 首次在粒子理论中证实，若对粒子进行交换操作是非对易的，则遵从非阿贝尔统计。起初，人们提出非阿贝尔任意子完全是出于数学好奇，直到 Alexei Kitaev 证明非阿贝尔任意子可能被用于构造拓扑量子计算机时，才引起物理学家们的注意。后来，Gregory Moore，Nicholas Read，and Xiao-Gang Wen 预言非 Abelian 统计在分数量子霍尔效应中可能实现[18-20]。遗憾的是截至 2012 年，并没有任何实验决定性地证明非阿贝尔任意子的存在。

3.1.3　规范场的动力学效应

为了考虑磁通建立过程中的动力学效应，假设磁通随时间变化的函数为 $\Phi = \alpha\theta(t)\Phi_0$，其中 $\theta(t)$ 是时间函数，系统的拉氏量表示为

$$L = \frac{I}{2}\dot{\varphi}^2 + \alpha\hbar\dot{\varphi}\theta(t) \tag{3.25}$$

接着，作变量变换 $\varphi = \dot{\varphi} + \frac{\alpha}{I}\theta(t)$ ，将(3.25)式转化为标准自由转子拉氏量形式

$$L = \frac{I}{2}\dot{\varphi}^2 - \frac{\alpha^2}{2I}\theta(t) \tag{3.26}$$

类似于上节的方法，同样可求得变化磁通下第 n 个同伦类的传播子

$$\Lambda_n(\varphi, t; 0) = \sqrt{\frac{I}{2\pi i t\hbar}}\, e^{\frac{iI}{2\hbar t}(\varphi+2n\pi)} {}^{-\frac{i\alpha^2\hbar^2}{2I}\int_0^t \theta^2(t')\,dt'} \tag{3.27}$$

由此可以看出，变化的磁通并不能使空间发生扭曲，产生拓扑相位。随后，从本征值和本征函数的角度，进一步分析。

假定磁通建立瞬间，即时间函数取值为

$$\theta(t) = \begin{cases} 1, & t \geqslant 0 \\ 0, & t < 0 \end{cases} \tag{3.28}$$

当磁通达到稳定值后，使用覆盖空间和基空间的变量关系，雅可比函数和雅可比变换，可得传播子表示式

$$\Lambda = \frac{1}{2\pi}\sum_n e^{in\varphi} e^{-i\frac{(n-\alpha)^2}{2I}\hbar t} \tag{3.29}$$

与传播子本征函数方程(3.23)比较，可得本征函数和本征值

$$\psi_n = \frac{1}{\sqrt{2\pi}}e^{in\varphi}, \qquad E_n = \frac{(n-\alpha)^2\hbar^2}{2I} \tag{3.30}$$

由上式可以知道，正则角动量是整数，而本征值被平移了一磁通量子数，但不改变其整数量子化的条件，从量子力学的角度分析，不会产生新奇效应。从经典力学的观点分析，可以认为在磁通建立的同时产生了感生电场，带电粒子在感生力矩的作用下发生了旋转，从而改变了其初始条件，通过计算可以发现力学角动量的变化等于力矩的冲量，所以正好抵消了规范场产生的扭曲，因此同伦类传播子对称性无破缺。

总之，利用路径积分方法分析 AB 规范场中平面转子在定态磁通和随时间变化磁通量子两种情况下的本征函数和本征值，得出定态磁通使空间发生扭曲产生了拓扑相位，而变化磁通在磁场建立时会产生感生电场，使带电粒子在力矩的作用下发生旋转正好抵消了磁通规范产生的扭曲，对称性无破缺。

3.2 Aharonov-Bohm 效应

阿哈罗诺夫(Aharonov)和玻姆(Bohm)通过设计实验，揭示了电磁场的势使波函数的相位发生改变，引起了可观测的量子效应。下面应用经典电磁场理论进

行分析，电场强度 **E** 和磁感应强度 **B** 分别是描述电场和磁场的两个基本物理量，作用在带电粒子上的力则为洛伦兹力，即：

$$\mathbf{F} = e(\mathbf{E} + \mathbf{v} \times \mathbf{B}) \tag{3.31}$$

为了详细描述电磁场的特点，理论物理学家引入了两个辅助量，矢量势 **A** 和标量势 φ，且它们之间满足下面关系：

$$\begin{aligned} \mathbf{E} &= -\nabla\varphi - \frac{\partial \mathbf{A}}{\partial t} \\ \mathbf{B} &= \nabla \times \mathbf{A} \end{aligned} \tag{3.32}$$

对于确定的电磁场而言，矢量势 **A** 和标量势 φ 并不是唯一确定的，可以通过规范变换改变其形式。因此，不难发现洛伦兹力并不取决于矢量势 **A** 和标量势 φ 的绝对值。所以，矢量势和标量势的作用仅仅理论计算中引出的辅助场变量，并不产生直接的观察效应[21,22]。

在量子力学中粒子的运动规律遵从薛定谔方程

$$i\hbar \frac{\partial \psi}{\partial t} = \hat{H}\psi \tag{3.33}$$

状态波函数 ψ 的变化取决于描述给定系统哈密顿量 $\hat{H}$ 的变化，量子力学研究的是粒子的状态和能量，而不是直接研究粒子的加速度和力。1949 年，爱伦伯格和西第在一份研究报告中曾经提及把电场强度 **E** 和磁感应强度 **B** 作为电磁场的基本量，以及把矢量势 **A** 和标量势 φ 看作辅助量，对于量子理论而言有何物理意义？或者说，对于电磁场的矢量势 **A** 和标量势 φ 本身，在量子力学中能否会产生确定的量子效应呢？这一问题，在当时并未引起人们的注意。直到 1959 年，阿哈罗诺夫（Aharonov）和玻姆（Bohm）提出在量子力学中势是比场更基本的物理量，且在力场为零但势不为零的空间，有一定的观测效应，随即通过设计，搭建实验，反复观察发现在磁场强度为零的区域运动的两束相干带电粒子束，波函数在规范变换的过程中会产生狄拉克不可积相因子或称为 AB 相位，当它们重新会聚于平面上时，会出现干涉现象，即著名的 AB 效应[23]。AB 效应是狄拉克磁单极的理论基础，超导体 Josephson 隧道结是宏观量子隧穿的核心，在此理论基础上设计，制造了超导量子干涉仪[24]。20 世纪 80 年代发展的介观物理学，起源于介观环中的电流振荡，是 AB 效应的直接应用。直到今天，介观输运和 AB 振荡仍然是重要的研究课题。下面我们从三个方面具体说明 AB 效应：①阿哈罗诺夫和玻姆当时提出的设计方案，通过此方案检测到带电粒子在非零矢势的零磁场区域运动时产生的相移效应；②约瑟夫森（Josephson）效应—标量势 A-B 效应。③AB效应的应用（超导量子干涉仪）。

3.2.1 矢量势 A–B 效应及实验验证

考虑电子通过一存在着矢量势 **A** 的区域，此系统的哈密顿量为

$$\hat{H} = \frac{1}{2m}(\mathbf{P} - e\mathbf{A}) + U \tag{3.34}$$

其中 **P** 为动量算符，U 为势能。定态薛定谔方程的解可表示为

$$\psi(x) = \psi_0(x)\exp\left[i\frac{e}{\hbar}\int\mathbf{A}\cdot d\mathbf{l}\right] \tag{3.35}$$

其中 $\psi_0(x)$ 表示外场不存在时的定态波函数，$\exp\left[i\frac{e}{\hbar}\int\mathbf{A}\cdot d\mathbf{l}\right]$ 表示由矢量势 **A** 造成的附加相位因子。下面通过一个理想实验来解释矢量势 **A** 产生的 A–B 效应[21]。

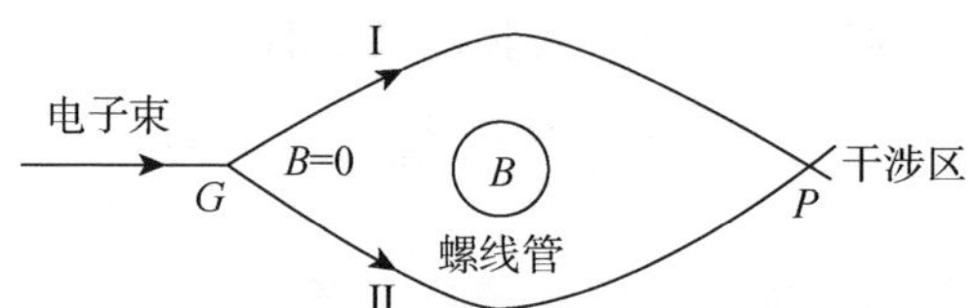

图 3.2 矢量势 **A** 产生的 A–B 效应示意图

图像选自林木欣，林瑞光大学物理 1991，6(2)

假设电子枪射出的一束电子入射到 G 点后分解为 Ⅰ 和 Ⅱ 两束相干电子，并绕过直径很小的长螺线管中部，当螺线管内有电流通过时，根据安培环路定理，可知磁场主要集中在螺线管内部，即人们通常所说的，螺线管内磁场不为零，如果是无限长螺线管，可以近似认为管外磁场为零。因此，实验装置中电子束绕过的区域我们可近似地认为其磁场等于零，但是矢量势 $\mathbf{A}\neq 0$。当两相干电子束 Ⅰ 和 Ⅱ 在屏上 **P** 点相遇时，两波函数的相位差为

$$\theta = \frac{e}{\hbar}\left[\int_{\mathrm{I}}\mathbf{A}\cdot d\mathbf{l} - \int_{\mathrm{II}}\mathbf{A}\cdot d\mathbf{l}\right] = \frac{e}{\hbar}\oint\mathbf{A}\cdot d\mathbf{l} = \frac{e}{\hbar}\Phi \tag{3.36}$$

这里的 Φ 表示通过两电子束包围面积的磁通量。所以，由式(3.36)可知，在实验中可以通过改变磁通量的大小来可改变波函数的相位差，从而观察到电子干涉条纹在屏上的移动[21]。这种有电磁场的矢量势所引起的量子干涉效应，人们称之为矢量势 Aharonov–Bohm 效应，简称矢量势 A–B 效应。

20 世纪 60 年代，钱伯斯(R. G. Chambers)设计了图 3.3 验证矢量势 A–B 效应的实验装置，F 是直径 1.5 μm 铝细丝，S 到 F 的距离是 6.7 cm，S 到 P 的距离是 13.4 cm，且偏转角为 2×10^{-5} 弧度，电子的入射能量为 20 000 eV，使用直径 3 mm 单匝赫姆霍兹线圈产生一垂直纸面方向的均匀磁场[25]，观察干涉现象，

发现干涉条纹的峰和谷发生了移动，说明两束干涉电子相位发生了变化，原因是是闭合回路中的局域磁通对电子束虽然没有作用，但是矢势并不为零，产生了相移，这种现象就是是阿哈罗诺夫和玻姆所预言的矢量势的 AB 效应。钱伯斯实验的不足之处在于：螺线管不可能完全致密，也不可能做得无限长，磁场影响根本无法完全消除。

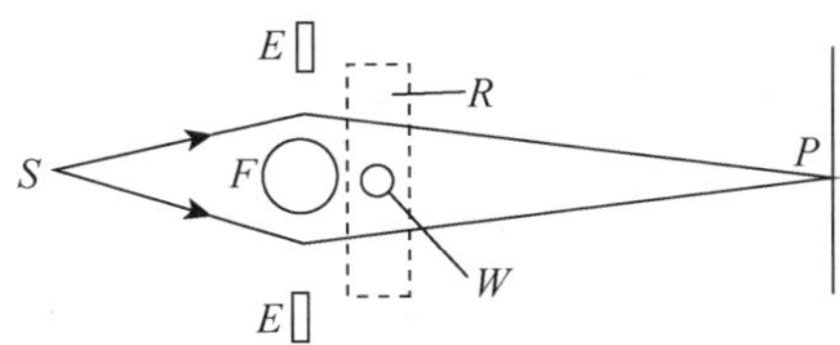

图 3.3　钱伯斯实验原理图

图像选自林木欣，林瑞光大学物理 1991，6(2)

在 1982 年，Akira 等人采用环形铁磁体代替无限长螺线管，同时采用全息干涉显微技术，证实两电子束相位差产生的干涉现象[26,27]。但在当时有人对实验中的相位差提出质疑，他们认为实验测得的相位差是磁场对运动电子产生洛伦兹力的作用结果。对此，物理学诺贝尔奖获得者杨振宁先生提出对实验做可尝试作适当改进。图 3.4 和图 3.5 的电子干涉图样是由 Akira 等人利用改进后的装置进行实验得到。详细实验过程说明参照文献[21，26-27]，在此不赘述。

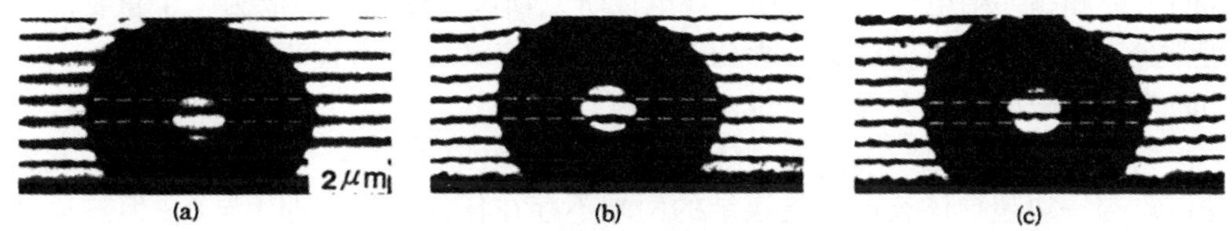

图 3.4　环形磁体低温下，磁通量子数为奇数时的干涉图

图(a)是 $T = 4.5\text{K}$；图(b)是 $T = 4.5\text{K}$ 相位差放大 2 倍；

图(c) $T = 15\text{K} > T_c = 9.2\text{K}$ 相位差放大 2 倍

图像选自 Akira Tonomura et al. Phys. Rev. Lett. 56 (1986). 792

Akira 等人对实验结论进行了说明：由于坡莫合金磁化强度对温度有依赖性，可以通过改变坡莫合金的温度，从而改变它的磁通，导致相位改变，产生干涉图样。因此这个实验结果，很好地验证了磁矢势引起的 A-B 效应，得到了杨振宁先生的高度评价。进而说明，在量子力学中势是比场更基本的物理量，且在力场为零势不为零的空间可存在观测效应，即 A-B 效应。具体地可分为矢量势 A-B 效应和标量势 A-B 效应。

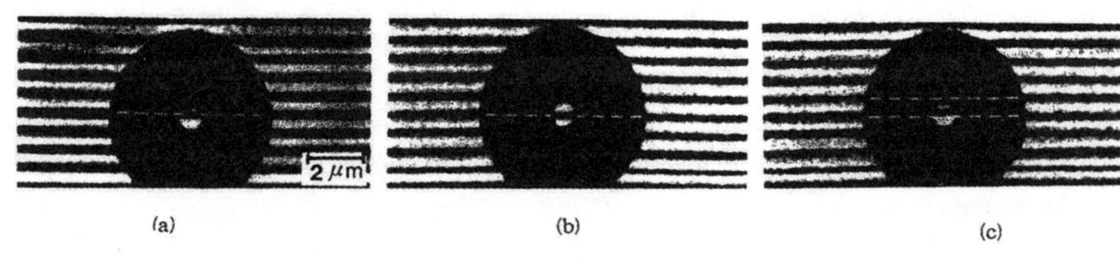

图 3.5 环形磁体低温下，磁通量子数为偶数时的干涉图

图(a)是 $T = 4.5\text{K}$ ；图(b)是 $T = 4.5\text{K}$ 相位差放大 2 倍；

图(c) $T = 15\text{K} > T_c = 9.2\text{K}$ 相位差放大 2 倍

图像选 Akira Tonomura et al. Phys. Rev. Lett. 56 (1986). 792

3.2.2 约瑟夫森(Josephson)效应—标量势 A-B 效应

矢势 A-B 效应前面已经讲解的非常清楚了，接着我们重点说明标势 A-B 效应，如果在超导环路中加一绝缘薄层，即使外加直流电压远低于绝缘薄层的击穿阈值，仍可有电流通过且电流随时间往复震荡，这一理论在 1962 年约瑟夫森(Josephson)首先从理论上对超导电子对的量子力学隧道效应作了预言，不久安德森和罗厄耳从实验上给以证实，这一现象物理学上称为约瑟夫森(Josephson)效应，绝缘薄层又称为约瑟夫森(Josephson)隧道结[28]。近年来，约瑟夫森(Josephson)效应和超导结电子学，已在超导电性研究领域，逐渐发展成为一个重要的物理学分支。具体来讲，约瑟夫森(Josephson)效应又可分为直流约瑟夫森(Josephson)效应和交流约瑟夫森(Josephson)效应。

简单来说，当直流电流通过隧道结时，如果电流低于某一临界电流 I_c ，此隧道结就与一块超导体类似，隧道结的两端不存在任何电压，即 $V = 0$，但隧道结中的电流不为零，此时结中流过的是超导电流，这是由超导体中库珀对的隧道效应引起的。但是，当电流一旦超过临界电流值时，隧道结上就会出现一有限的电压，隧道结的性能也就过渡了正常电子的隧道特性。这种超导隧道结能够承载直流超导电流的现象，称为直流约瑟夫森(Josephson)效应。下面我们从理论上给出简单的分析，目的在于说明，约瑟夫森(Josephson)效应实质上标量势 AB 相位产生的宏观量子效应。假设隧道结是一厚度为 $2a$ 的势垒，如图 3.6 所示。

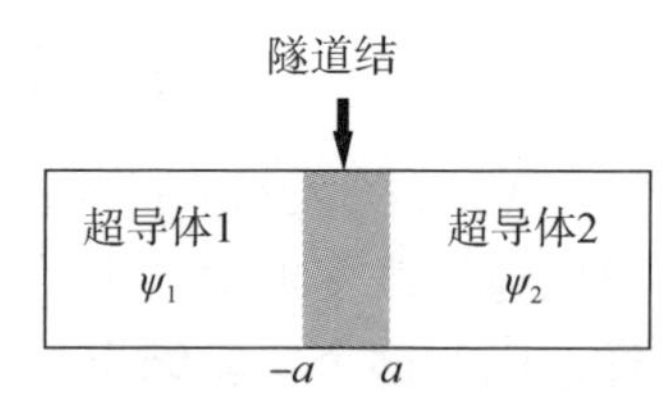

图 3.6 约瑟夫森效应

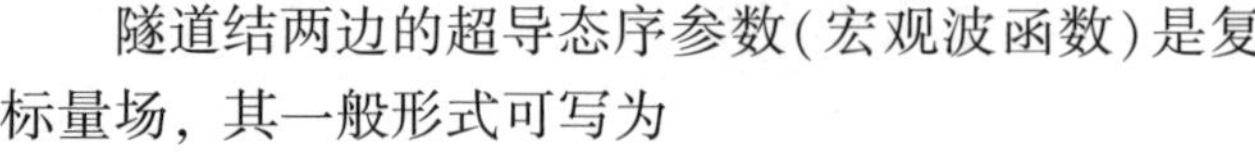
隧道结两边的超导态序参数(宏观波函数)是复标量场，其一般形式可写为

$$\psi'_1 = |\psi'_1| e^{i\varphi_1}, \ \psi'_2 = |\psi'_2| e^{i\varphi_2} \tag{3.37}$$

波函数在隧道结中逐渐衰减，衰减波的形式为

$$\psi_1 \sim c_1 e^{-k(x+a)}, \ \psi_2 \sim c_2 e^{-k(x-a)} \tag{3.38}$$

在 $\pm a$ 边界处，根据连续性边界条件，我们可得出

$$c_1 = e^{i\theta_1}, \ c_2 = e^{i\theta_2} \tag{3.39}$$

其中 θ_1，θ_2 是由超导的复序参数 ψ' 引出的常数相位。隧道结内的总波函数，是隧道结两边超导波函数的叠加

$$\psi = \psi_1 + \psi_2 \tag{3.40}$$

根据电流密度的定义，可以得出通过隧道结的电流密度

$$J = \frac{ie^* \hbar}{2\mu^*}[\psi^* \nabla\psi - \psi \nabla\psi^*] = J_0 \sin\theta \tag{3.41}$$

其中 $\theta = \theta_1 - \theta_2$，由(3.41)式可知，电流随相位差变化，且与相位差的正弦成正比，正是直流约瑟夫森(Josephson)效应。

对于隧道结，当电流超过超导隧道结的临界电流时，在隧道结区范围内会出现交变的超导隧穿电流，称为交流约瑟夫森(Josephson)效应。从理论上分析，当在隧道结两端加上直流电压(电流大于临界电流)时，超导粒子会感受到一标量势，但是电场为零，解含时薛定谔方程，我们会发现隧道结两边的序参数将分别增加了由标量势所引起的含时相因子项

$$e^{ie^* \frac{V_{1,2}}{\hbar} t} \tag{3.42}$$

其中 $V_{1,2}$ 表示隧道结两边超导粒子感受到的标量势，同样在边界 $\pm a$ 处由于连续性条件要求，可以得到这时的衰减波也产生了一附加的含时相因子

$$\begin{aligned} \theta_1(t) &= \theta_1 + \frac{e^* V_1}{\hbar} t \\ \theta_2(t) &= \theta_2 + \frac{e^* V_2}{\hbar} t \end{aligned} \tag{3.43}$$

这一相因子是由标量势产生的，又称之为标量势 AB 相因子。

环路中的直流偏压为

$$V = V_1 - V_2 \tag{3.44}$$

此时通过隧道结的电流密度则变为

$$J = J_0 \sin\theta(t) \tag{3.45}$$

其中 $\theta(t)$ 是由标量势产生的相位差

$$\theta(t) = \theta_1(t) - \theta_2(t) = \theta + \frac{e^* V}{\hbar} t \tag{3.46}$$

因此，交流电流振荡的频率

$$\omega = \frac{e^* V}{\hbar} \tag{3.47}$$

由(3.45)式，可以看出隧道结中出现了超导正弦波电流，(3.47)式表示超导电流的频率与隧道结两端所加的电压成正比。所以，超导隧道结具有在直流电压下，产生超导交变电流[5]。

3.2.3 超导量子干涉仪(SQUID)

超导量子干涉仪，简称SQUID(Superconducting Quantum Interference Device)，是利用约瑟夫森效应设计的极敏感的传感器。通常含有一个或更多个约瑟夫森结，目的起弱连接作用，可以通过低于临界电流的超导电流。超导量子干涉仪被广泛地应用于物理、化学、材料、地质、生物、医学等领域各种微弱磁场的精确测量。下面以两个约瑟夫森结为例，原理如图3.7所示：环路中有两个约瑟夫森结 a 和 b ，用超导材料将其并联，有磁场穿过环路包围的空间，假设两个隧道结超导临界电流 J_0 相同，且波函数的相位差为

$$\theta \ \pm \pi\alpha$$

其中 $\alpha = \frac{\Phi}{\Phi_0}$ 磁通量子数，Φ 为超导环中的总磁通，$\Phi_0 = \frac{ch}{e^*}$ 为超导磁通量子单位。

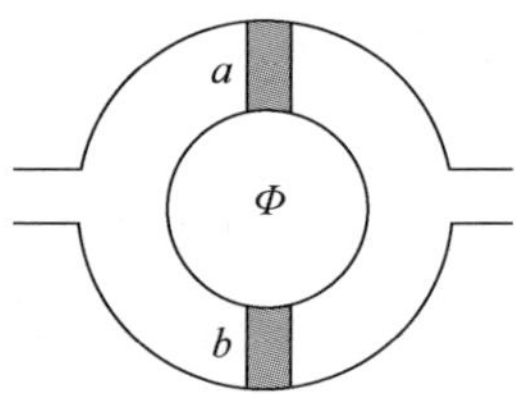

图3.7　超导量子干涉仪原理

由于磁场的存在，局域磁通产生的矢势不为零，波函数中多了一个矢势AB相因子 α ，那么通过 a 和 b 隧道结的电流分别为

$$J_a = J_0\sin(\theta + \pi\alpha)\ ,\ J_b = J_0\sin(\theta - \pi\alpha) \tag{3.48}$$

所以，超导环中的总电流为

$$J = J_a + J_b = J_0[\sin(\theta + \pi\alpha) + \sin(\theta - \pi\alpha)] = 2J_0\sin\theta\cos\pi\alpha \tag{3.49}$$

因此，超导环中的电流随矢势AB相位周期变化，类似于光学中的干涉现象，称之为宏观量子相干效应。

3.3 二维中心势场中的分数角动量和量子—经典对应

本小节内容基于文献[29，30]撰写。在Wilczek的量子力学模型中，当规范场存在时，力学角动量(KAM)和正则角动量(CAM)是有区别的[12,31-33]。事实上，

空间旋转的转子是正则角动量，Noether 理论规定其为守恒量，与规范有关是整数量子化或半整数量子化[34]。另外，力学角动量是一个动力学规范不变量，由于规范场的存在一般是分数的[12,33-34]。尽管与 Aharonov-Bohm 位相干涉相关的分数正则角动量早已被证实[33]，但是有关分数正则角动量在量子力学中是否起着重要的问题仍存在很大的争议。值得注意的是 AB 磁通规范势仅仅是角动量的本征值平移一磁通量子数，并不改变整数量子化条件，也就是说角动量谱间隔仍然是 $\hbar$ 。近年来，Makowsiki 等人讨论了二维中心场中的分数角动量问题，主要方法：考虑加一特定的边界条件导致波函数产生了一角相位，接着通过构造一相干波函数，使波函数的几率云很好地局域于经典轨道上，证明量子—经典完全对应[1-3]。在 Makowsiki 等人的研究基础上，我们提出了一个从量子和经典都可精确求解的模型：考虑一带电粒子运动于原点处有一局域磁通垂直穿过的二维中心势场中，根据量子—经典对应研究角动量的分数量子化和磁通规范场的作用[30,31]。通过叠加角动量的本征态，我们构造一相干态，研究波函数的几率云空间分布与经典轨道有相同的旋转对称性，有时不一定是 2π 周期。因此，本征谱间隔大于或小于 $\hbar$ 的分数量子化可以通过对应原理唯一确定，即通过量子—经典对应确定角动量的分数量子化。另外，AB 磁通规范场的作用仅仅使角动量谱平移一磁通量子数，但不改变其量子化条件。通过详细地计算，证明规范场使正则角动量本征谱发生平移，导致所有波函数产生一共同的拓扑相位，这与对应原理是完全相符合的。这一小节最后通过力学角动量算符的期待值与经典值的完全一致性，进一步证实了含有拓扑相因子的波函数的正确性。长期以来，备受争议的分数角动量是否与正则角动量相关的问题得以圆满解决。具体地说，我们考虑特定的零能态，给出了经典和量子的解析解[35,36]。除此之外，零能态被广泛地应用在冷原子碰撞[37,38]，涡旋晶格的构造[39]和量子宇宙学[40]等领域。

下面我们考虑特定的零能态，从以下几个方面研究经典轨道的对称性、角动量量子化和二维空间规范场的作用：①磁通存在时，在二维中心势场中的经典轨道，并说明了周期轨道的旋转对称性。②通过考虑波函数几率云的空间分布与经典轨道具有相同的旋转对称性唯一地确定了分数角动量，并证明有磁通规范场存在时，正则角动量和力学角动量的区别。③磁通规范势并不改变角动量的量子化条件，也不影响波函数的归一化系数，仅仅导致正则角动量谱而不是力学角动量谱发生平移，这与量子—经典对应原理完全一致。

3.3.1　经典轨道和旋转对称性

考虑一个电荷为 e ，质量为 m 的带电粒子在一磁通为 Φ 的无线长磁通线产生的规范场和二维中心势场 $A_0(r)$ 中运动，且磁通线通过势场原点，垂直于二维平面。

$$A_0(r)=-\frac{\gamma_\nu}{r^{2\mu+2}},\qquad \gamma_\nu>0,\qquad -\infty< \tag{3.50}$$

其中 $r=\sqrt{x^2+y^2}$，$\nu=2\mu+2$，μ 为势指标参数，是一任意实数。在磁通线外（$r>0$）的任意区域，尽管磁场为 $\mathbf{B}=0$，所以洛伦兹力对带电粒子没有作用，但是矢势并不为零。在极坐标系中，矢势 $\vec{A}$ 可写作

$$A=\frac{\Phi}{2\pi r}e_\varphi \tag{3.51}$$

$\vec{e}_\varphi$ 是角度方向的单位矢量。为了建立量子—经典对应，我们应该使用正则变量，在极坐标系（r，φ）中，系统的拉氏量可写为

$$L=\frac{1}{2}m[\dot{r}^2+(r\dot{\varphi})^2]-eA_0(r)+L_{WZ} \tag{3.52}$$

其中 $L_{WZ}=\alpha\hbar\dot{\varphi}$ 是 Wess-Zumino 拓扑相互作用项，$\alpha=\Phi/\Phi_0$ 是无量纲磁通量子数，$\Phi_0=ch/e$ 是磁通量子单位。Wess-Zumino 拓扑相互作用项对粒子的运动方程不起作用，但可影响角动量的初始条件。

在极坐标系中，正则角动量和力学角动量可写为

$$p_r=\frac{\partial L}{\partial\dot{r}}=m\dot{r} \tag{3.53}$$

$$£^c=\frac{\partial L}{\partial\dot{\varphi}}=mr^2\dot{\varphi}+\alpha\hbar \tag{3.54}$$

这里的 $£^c$ 是正则角动量，$£^k=mr^2\dot{\varphi}$ 是力学角动量。
系统的哈密顿量为

$$H=\frac{p_r^2}{2m}+\frac{(£^c-\alpha\hbar)^2}{2mr^2}+eA_0(r) \tag{3.55}$$

从正则方程出发，我们发现正则角动量和力学角动量都是守恒量

$$\frac{\mathrm{d}£^c}{\mathrm{d}t}=-\frac{\partial H}{\partial\varphi}=0,\qquad £^k=£^c-\alpha\hbar$$

对于零能态且初始力学角动量 $£^k=£^c-\alpha\hbar\neq 0$ 的情况，我们有

$$\frac{1}{2}m(£^c-\alpha\hbar)^2\left(\frac{1}{mr^2}\right)^2\left[\left(\frac{\mathrm{d}r}{\mathrm{d}\varphi}\right)^2+r^2\right]-e\frac{\gamma_\nu}{r^\nu}=0 \tag{3.56}$$

假设初始值

$$£^k=\xi_k\hbar \tag{3.57}$$

其中 ξ_k 是任意无量纲量。则正则角动量为

$$\pounds^{c}=\xi_k\hbar+\alpha\hbar \tag{3.58}$$

式(3.58)表明正则角动量被平移一磁通量子数。

接着，引进一无量纲的变量

$$u=r/\tilde{a}_c,\qquad \tilde{a}_c=\frac{(2me\gamma_\nu)^{1/2\mu}}{[\xi_k\hbar]^{1/\mu}} \tag{3.59}$$

通过方程(3.56)，我们得到了粒子运动的轨道方程

$$\left(\frac{\mathrm{d}u}{\mathrm{d}\varphi}\right)^2+u^2=u^{4-\nu}=u^{2-2\mu} \tag{3.60}$$

方程(3.60)的一般解[41]，可写为

$$r^\mu=\tilde{a}_c^\mu\cos[\mu(\varphi-\varphi_0)] \tag{3.61}$$

在数值计算过程中，这里采用原子单位 $me_s^2/\hbar^2$，其中 $e_s=e^2/4\pi\varepsilon_0$，并令 $\sqrt{2m\gamma_\nu e/\hbar^2}=1$，我们得到 r 是长度的量纲。图 3.8–3.12 中的实白线给出了初始角 $\varphi_0=0$ 的经典轨道。对于给定的势能，经典轨道仅与初始角动量 ξ_k 有关。图 3.8–3.11 给出了 $\mu>0(\nu>2)$ 的封闭轨道，图 3.12 是 $\mu<-2$ 的开放轨道。从方程(3.61)，我们很明显地发现经典轨道的旋转对称与势指数 μ 有关，所以每旋转 $2\pi/|\mu|$ 的角度，经典轨道的形状是不变的，即经典轨道的旋转周期为 $2\pi/|\mu|$；由此得出，只有当

$|\mu|=1$ 时，经典轨道的旋转周期才是 2π，其余都不是。在本书中，根据量子—经典对应原理，我们证明角动量量子化能够通过经典轨道的旋转对称性唯一确定。图 3.8–3.11 中的实白线给出了旋转周期分别是 2π，6π，$4\pi/5$ 和 $2\pi/5$ 封闭的经典轨道。图 3.12 中的实白线是旋转周期为 $6\pi/7$ 的开放轨道。

3.3.2 角动量量子化

在极坐标系 (r,φ) 中，当能量 $E=0$ 时，定态薛定谔方程为

$$-\frac{\hbar^2}{2m}\left[\frac{\partial^2}{\partial r^2}+\frac{1}{r}\frac{\partial}{\partial r}+\frac{1}{r^2}\left(\frac{\partial}{\partial\varphi}-i\alpha\right)^2\right]\psi+eA_0\psi=0 \tag{3.62}$$

分离变量 $\psi=R(r)\Theta(\varphi)$，方程(3.62)变为

$$\left(\frac{\partial^2}{\partial r^2}+\frac{1}{r}\frac{\partial}{\partial r}-\frac{\lambda^2}{r^2}\right)R(r)+\frac{2me}{\hbar^2}\frac{\gamma_\nu}{r^\nu}R(r)=0 \tag{3.63a}$$

$$\left(\frac{\partial}{\partial\varphi}-i\alpha\right)\Theta(\varphi)=-\lambda^2\Theta(\varphi) \tag{3.63b}$$

角度部分方程(3.63b)的本征解为

$$\Theta_{l^c}(\varphi)=N_\varphi\mathrm{e}^{il^c\varphi} \tag{3.64}$$

其中 N_φ 是角度部分的归一化系数，l^c 是正则角动量的本征值。一般情况下，角度

部分的旋转周期都为 2π，即满足 $\Theta(\varphi)=\Theta(\varphi+2\pi)$，所以归一化系数为 $N_{\varphi}=1/\sqrt{2\pi}$。从图 3.8–3.12 可以看出，尽管二维空间的中心势场 $A_0(r)=-\frac{\gamma_{\nu}}{r^{2\mu+2}}$ 满足旋转对称性，但是角度部分的旋转周期边界条件不一定是 2π。

在量子力学，我们知道 SU(2) 自旋相干态是建立在 SO(3) 群或它的覆盖群 SU(2) 群的不可约表示基础之上，是一种宏观量子态，具有确定的量子—经典对应[42]。

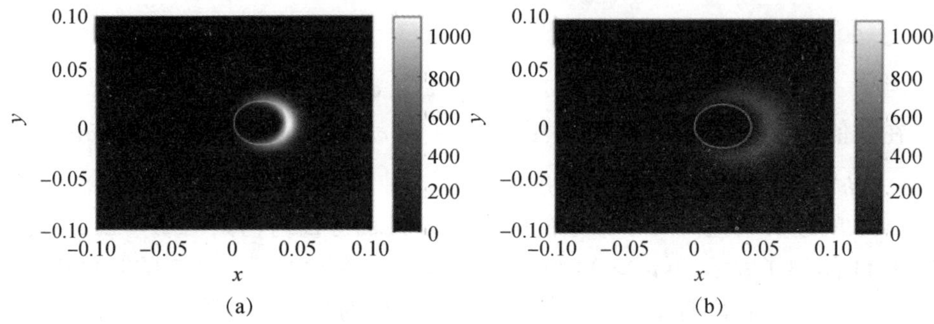

图 3.8　$|\Psi_{\mu,N}(r,\varphi)|^2$ 的几率密度图像和 $\mu=1(\nu=4)$，$\alpha=6\frac{1}{2}$，$\xi_k=23$ 的封闭经典轨道(白色实线)(a)表示正则角动量的平移，(b)力学角动量的平移

图像选自 Jun. Li. Xin and J. -Q. Liang, Chin. Phys. B, 2012, 21, 040303

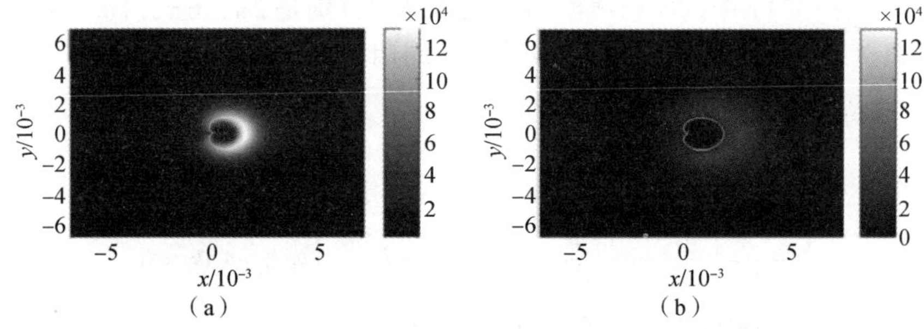

图 3.9　$|\Psi_{\mu,N}(r,\varphi)|^2$ 的几率密度图像和 $\mu=1/3(\nu=8/3)$，$\alpha=5/4$，$\xi_k=8$ 的封闭经典轨道(白色实线)(a)表示正则角动量的平移，(b)力学角动量的平移

图像选自 Jun. Li. Xin and J. -Q. Liang, Chin. Phys. B, 2012, 21, 040303

本书中，采用叠加本征波函数构造宏观量子相干态—SU(2) 自旋相干态，使波函数的几率密度云很好地局域于经典轨道上，即满足量子—经典对应。这就要求角动量本征波函数必须满足与经典轨道相同的旋转周期 $\Theta(\varphi)=\Theta(\varphi+2\pi/|\mu|)$ 这一特殊的边界条件[2]。因此，角动量本征波函数的旋转周期也不一定是 2π，正则

角动量的本征值也不再是整数，而应满足

$$l_n^c = n|\mu| \tag{3.65}$$

n 是整数。(3.65)式说明角动量是分数量子化的，且本征谱间隔为

$$\Delta l = |\mu| \tag{3.66}$$

方程(3.65)表明，只有 $|\mu| = 1$ 时，角动量才是整数量子化的，归一化系数为 $1/\sqrt{2\pi}$。其余情况归一化系数不再是 $1/\sqrt{2\pi}$，而变为

$$N_\varphi = \sqrt{\frac{|\mu|}{2\pi}} \tag{3.66}$$

研究完角度部分波函数之后，接下来考虑径向方程

$$\left(\frac{\partial^2}{\partial r^2} + \frac{1}{r}\frac{\partial}{\partial r} - \frac{(l_n^c - \alpha)^2}{r^2}\right)R(r) + \frac{2me}{\hbar^2}\frac{\gamma_\nu}{r^\nu}R(r) = 0 \tag{3.67}$$

考虑方程(3.65)正则角动量 l^c 的选择，则第 n 阶力学角动量(KAM)本征值被平移一磁通量子数

$$l_n^k = l_n^c - \alpha = n|\mu| - \alpha \tag{3.68}$$

从方程(3.68)很容易看出，力学角动量受到了磁通的作用，从经典力学方面很容易理解，尽管带电粒子没有受到磁通矢势的作用，但是磁通建立时，感生电场对带电粒子产生一力矩的作用，改变了带电粒子运动的初始条件，所以产生的明显的动力学效应，这与带电粒子没有受到规范场力矩作用的经典解相矛盾。因此，我们考虑对正则角动量本征值的另一种选择，即磁通引起了正则角动量的变化

$$l_n^c = n|\mu| + \alpha \tag{3.69}$$

则力学角动量本征值为

$$l_n^k = n|\mu| \tag{3.70}$$

方程(3.70)表示力学角动量的本征值与磁通量子数无关，这与经典解完全一致。此处的共同相因子 $e^{i\alpha\varphi}$ 称为拓扑相因子，它既不改变角动量的量子化，也不影响归一化系数，仅仅使所有本征函数产生了一附加的相因子。接下来的这一部分，我们主要考虑选择方程(3.69)正则角动量量子化，能够产生准确的量子—经典对应。

3.3.3 规范场的拓扑相和量子—经典对应

这一部分，我们证明了只有满足方程(3.69)的正则角动量量子化条件，量子—经典才完全对应，即波函数的几率云才能很好地局域于经典轨道上。

引入无量纲量 $\chi = r/\tilde{a}_q$ 和 $y = 1/\chi$，这里的 $\tilde{a}_q$ 是长度的量纲，代入(3.67)的径向方程，变为

$$\left(y^2\frac{\mathrm{d}^2}{\mathrm{d}y^2} + y\frac{\mathrm{d}}{\mathrm{d}y} - (l_n^k)^2 + B^2 y^{\nu-2}\right)R_\tau(y) = 0 \tag{3.71}$$

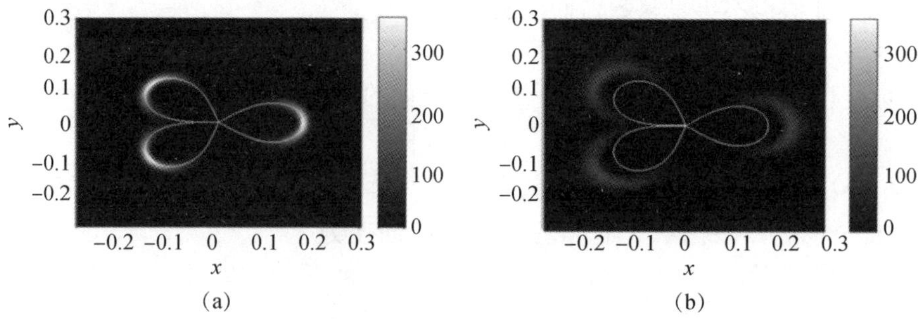

图 3.10 $|\Psi_{\mu,N}(r,\varphi)|^2$ 的几率密度图像和 $\mu=5/2(\nu=7)$，$\alpha=31\frac{1}{3}$，$\xi_k=72.5$ 的封闭经典轨道(白色实线)(a)表示正则角动量的平移，(b)力学角动量的平移

图像选自 Jun. Li. Xin and J. -Q. Liang, Chin. Phys. B, 2012, 21, 040303

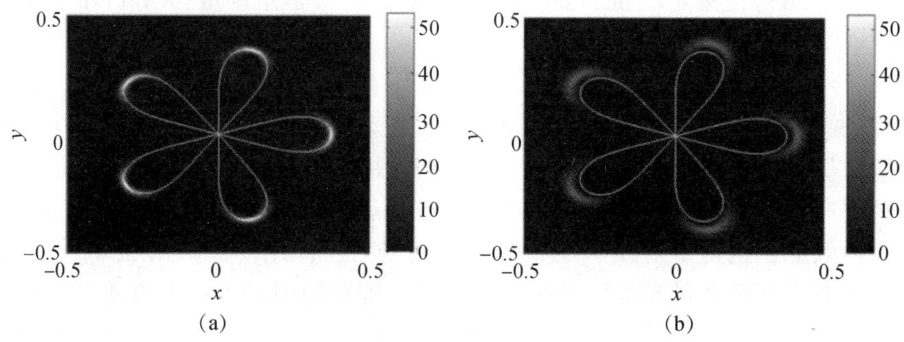

图 3.11 $|\Psi_{\mu,N}(r,\varphi)|^2$ 的几率密度图像和 $\mu=5(\nu=12)$，$\alpha=55\frac{3}{5}$，$\xi_k=135$ 的封闭经典轨道(白色实线)(a)表示正则角动量的平移，(b)力学角动量的平移

图像选自 Jun. Li. Xin and J. -Q. Liang, Chin. Phys. B, 2012, 21, 040303

定义参数 B

$$B^2=\frac{2me\gamma_\nu}{\hbar^2\tilde{\alpha}_q^{\nu-2}}$$

另外，我们发现方程(3.71)满足贝塞尔方程，其解为第一类贝塞尔函数，且平方可积

$$R_{l_n^k}(y)=N_{l_n^k}J_{l_n^k/|\mu|}\left(\frac{1}{|\mu|r^\mu}\right) \tag{3.72}$$

这里的 $N_{l_n^k}$ 是径向归一化系数，形式为

$$N_{l_n^k} = \sqrt{2\sqrt{\pi}\ |\mu|^{\frac{2}{\mu}+1} \frac{\Gamma(1+1/\mu)\Gamma(1+l_n^k/|\mu|+1/\mu)}{\Gamma(1/2+1/\mu)\Gamma(l_n^k/|\mu|-1/\mu)}} \tag{3.73}$$

在数值计算中，这里考虑 $\sqrt{2m\gamma_\nu e/\hbar^2}=1$。因此，根据参数 B 的定义，很容易得到 $B\tilde{a}_q^\mu=1$，$\tilde{a}_q^2 B^{2/\mu}=1$。由径向波函数的归一化条件可知，如果力学角动量或者势指标参数 μ 满足条件

$$\mathrm{Re}\left(\frac{2l_n^k}{|\mu|}+1\right) > \mathrm{Re}\left(\frac{2}{\mu}+1\right) > 0 \tag{3.74}$$

那么我们能够得到与经典封闭轨道对应的束缚本征态。当 $\nu>2$, $E=0$ 且初始力学角动量不等于零时，存在封闭轨道的经典解，同时量子力学中束缚态的条件是 $l_n^k>1$。我们已经证实，归一化的量子解可以被分为两类：（ⅰ）$\mu>0(\nu>2)$ 的束缚态（$l_n^k>1$）对应于经典的封闭轨道（图 3.8–3.11，白色实曲线）；（ⅱ）$\mu<-2(\nu<-2)$ 的散射态（$l_n^k\geqslant 0$）对应于经典开放轨道（图 3.12，白色实曲线）。在 $-2\leqslant\nu\leqslant 2$ 的区域，波函数的解不是平方可积的[43,44]，本书不予讨论。

因此，定态薛定谔方程的完整本征波函数的解析形式为[45]

$$\psi_{\mu,\ l_n^k}(r,\ \varphi)=N_\varphi \mathrm{e}^{i(l_n^k+\alpha)\varphi} N_{l_n^k} J_{l_n^k/|\mu|}\left(\frac{1}{|\mu|r^\mu}\right) \tag{3.75}$$

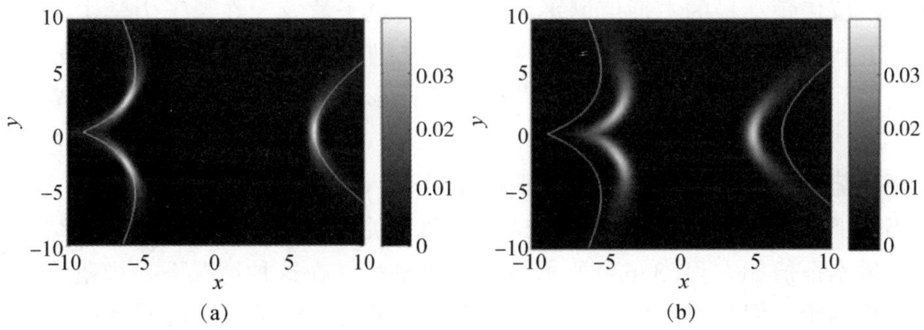

图 3.12　$|\Psi_{\mu,\ N}(r,\ \varphi)|^2$ 的几率密度图像和 $\mu=-7/3(\nu=-8/3)$，$\alpha=42\frac{7}{10}$，$\xi_k=238/3$ 的开放经典轨道（白色实线）(a) 表示正则角动量的平移，(b) 力学角动量的平移

使用本书第一章关于自旋相干态构造的方法，构造得到中心势场中稳定相干态为[46–48]

$$\Psi_{\mu,\ N}(r,\ \varphi)=\frac{1}{2^{N/2}}\sum_{n=0}^{N}\binom{N}{n}^{1/2} N_\varphi \mathrm{e}^{i(l_n^k+c+\alpha)\varphi} N_{l_n^k+c} J_{(l_n^k+c)/|\mu|}\left(\frac{1}{|\mu|r^\mu}\right) \tag{3.76}$$

这里的 l_n^c，l_n^k 分别是方程(3.69)和(3.70)定义的正则角动量和力学角动量的本征值，参数 $c=n_c|\mu|$ 是附加角动量，n_c 是整数，用来微小调整几率密度的位置，目

的是波函数的几率云很好地局域于经典轨道上，但不改变其空间的旋转对称性。在后面的讨论中可以看到，参数 n_c 并不是任意的选择的，而是与经典力学角动量的 $£^k$ 大小有关，即力学角动量算符的期待值与经典值是一致的。角度取从 $-\pi$ 到 π，波函数是归一化的。从方程(3.76)可以看到，由于规范势的存在，使波函数的本征值谱发生了平移，但这并不影响波函数的几率密度，且几率密度的空间分布与不受力矩作用的带电粒子的经典轨道假设完全一致。在图 3.8 -3.12 中表示的势指标参数值，磁通量子数以及附加参数值分别为 $\mu=1$，$\alpha=6\frac{1}{2}$，$n_c=8$；$\mu=1/3$，$\alpha=5/4$，$n_c=9$；$\mu=5/2$，$\alpha=31\frac{1}{3}$，$n_c=14$；$\mu=5$，$\alpha=55\frac{3}{5}$，$n_c=12$；$\mu=-7/3$，$\alpha=42\frac{7}{10}$，$n_c=19$，叠加的本征态数为 $N=30$，且图中显示相干波函数的几率密度 $|\Psi_{\mu,N}(r,\varphi)|^2$ 的空间分布与经典轨道具有相同的旋转对称性。在图 3.8(a)-3.12(a)的每一种情形下，相干波函数的几率密度云都很好地局域于经典轨道上，表明量子—经典完全对应。因此，我得到角动量量子化本征值的谱间隔分别是 $\hbar$，$\hbar/3$，$5\hbar/2$，$5\hbar$ 和 $7\hbar/3$，得到角动量的量子化不一定是整数的，可以是任意的分数。从以上的讨论可以看出，规范势并没有改变正则角动量的量子化，仅仅使角动量的本征值谱平移了一磁通量子数 α。在量子力学中分数自旋除了 AB 干涉效应之外，在物理学的其他领域仍有许多重要的应用，例如超流体膜中的二涡流系统[49]，项链环形[50,51]、手征形波超导[52]或定义了边界的量子球[53]等。

规范势对力学角动量本征值的平移和量子—经典对应的破坏

当然，我们可以选择方程(3.65)与磁通无关的正则角动量本征值，结果是力学角动量本征值如方程(3.68)所示被规范势平移。在这种情况下，规范势不会产生拓扑相因子，但是力学角动量本征值中含有了磁通量子数，说明规范势并不改变角动量的量子化(本征值间隔)，但是改变了带电粒子的初始角动量。使用方程(3.68)代替方程(3.75)和方程(3.76)中力学角动量的本征值，相应的相干态的几率密度分布显示在图 3.8(b)至图 3.12(b)中，从图中我们可以看到波函数的几率密度云不再局域于经典轨道上，而是发生了移动，从经典方面分析，可以认为带电粒子受到附加力矩的作用，这与假设相矛盾。

角动量的期待值

计算力学角动量算符 $\hat{L}^k$ 的期待值

$$\hat{L}^k=-i\hbar\left[\frac{\partial}{\partial\varphi}-i\alpha\right] \tag{3.77}$$

为了找到在 SU(2) 相干态中可调参数 c 和初始经典力学角动量 $\hat{L}^k = \xi_k \hbar$ 之间明确关系，进一步证明量子—经典对应，这里需要求解力学角动量算符在 SU(2) 自旋相干态上的平均值。因此，力学角动量算符在方程(3.76)的 SU(2) 自旋相干态的平均值是

$$\langle \hat{L}^k \rangle = \langle \Psi_{\mu,\ N} | \hat{L}^k | \Psi_{\mu,\ N} \rangle = \hbar |\mu| [n_c + \frac{N}{2}] \tag{3.78}$$

接着，把 μ，n_c 和 N 的参数值代入方程(3.78)中，我们发现力学角动量的平均值与初始值完全一致，即

$$\langle \hat{L}^k \rangle = \xi_k \tag{3.79}$$

图 3.8-3.12，我们使用的力学角动量的初始值分别为 ξ_k = 23，8，72.5，135，238/3。无论怎样，如果正则角动量的本征值选择方程(3.69)，也就是说规范势使力学角动量的本征值发生平移，那么力学角动量算符的平均值变为

$$\langle \hat{L}^k \rangle = \hbar [(n_c + \frac{N}{2}) |\mu| - \alpha] \tag{3.80}$$

显然，这与经典力学角动量的初始值不一致。

3.4　任意子和分数角动量的检测

在二维空间，角动量本征值不能被转动群 SO(2) 唯一确定，整数量子化的角动量本征值谱被整体平移任意分数。由费曼的路径积分同伦类理论可知，二维多连通空间分数角动量量子化是可能的，并且每个分数角动量都有确定的物理意义。本部分内容基于文献[54]，通过提出和分析一个新实验，讨论磁通量子化形成的机理，研究一个与分数角动量或者任意子相关的分数磁通量子化现象，这一现象最早是由 London 预言的。Byers 和杨振宁先生曾指出，磁通量子化不是一种新的物理现象，而是量子理论的必然结果。实际上，磁通量子化与超导电子角动量的量子化相同，因此，我们可以通过超导电子的角动量量子化推导出磁通量子化，假设把任意子的理论模型应用到超导电子与管磁通构成的复合系统中，那么由于分数角动量的存在，导致了分数磁通量子被约束在多连通超导体内。

本著作采用山西大学梁九卿教授提出的理论方法，梁先生从超导理论 Ginzburg-Landau(G-L) 方程入手，在一个二维环形区域求解 G-L 方程，计算超导环中的超导流密度和磁场分布，进而得出磁通总量，接着又分析了超导流或抗磁电流形成的原因和磁通量子化的作用。尤为重要的是，G-L 理论中的序参数能被视作超导电子总等效波函数，其对应于 BCS 理论中电子对的质心波函数。最后，通过将其与单体薛定谔方程相比较，进而得出等效单体角动量。由此可以很明显地看出超导电子角动量量子化和磁通量子化之间的关系。

3.4.1 角动量和磁通量子化

在 G-L 理论中，超导态是用一个复序参数 ψ 表示，当温度高于临界温度时，复序参数 ψ 为零。当温度低于临界温度时，复序参数 ψ 随温差的增大而增加。在有外磁场时，超导态的自由能可写为

$$F_s = F_0 + \int\left\{\frac{1}{2\mu^*}\left[\psi^*\left(-i\hbar\nabla - \frac{e^*}{c}\mathbf{A}(\mathbf{x})^2\right)\psi\right] - \alpha|\psi|^2 + \frac{\beta}{2}|\psi|^2 + \frac{H^2}{8\pi}\right\}\mathrm{d}^3\mathbf{x} \tag{3.81}$$

其中 F_n 是正常态的自由能，$\mathbf{A}$ 为矢势，$e^* = 2e$，$\mu^* = 2\mu$，α 和 β 为与温度有关的唯象实参数。

分别对复序参数 ψ 和矢势 $\mathbf{A}$ 求变分，可以得到一组自洽的非线性方程组

$$\frac{1}{2\mu^*}\left(-i\hbar\nabla - \frac{e^*}{c}\mathbf{A}(\mathbf{x})^2\right)\psi - (\alpha - \beta|\psi|^2)\psi = 0 \tag{3.82}$$

$$\begin{aligned}\nabla^2\mathbf{A} &= \frac{2\pi i e^*\hbar}{\mu^* c}(\psi^*\nabla\psi - \psi\nabla\psi^*) + \frac{4\pi(e^*)^2}{\mu^* c^2}|\psi|^2\mathbf{A} \\ &= -\frac{4\pi}{c}\mathbf{J}_s\end{aligned} \tag{3.83}$$

在超导体表面上，复序参数 ψ 和矢势 $\mathbf{A}$ 满足边界条件

$$\left(i\hbar\nabla\psi - \frac{e^*}{c}A\psi\right)\cdot n = 0 \tag{3.84}$$

$\mathbf{n}$ 是超导表面法向方向单位矢量。

同时，超导电流密度为

$$\mathbf{J}_s = -\frac{ie^*\hbar}{2\mu^*}(\psi^*\nabla\psi - \psi\nabla\psi^*) - \frac{(e^*)^2}{\mu^* c}|\psi|^2\mathbf{A} \tag{3.85}$$

考虑二维多连通超导体，如图 3.13 所示，简单地想象为在二维平面超导体上挖了个洞，根据 London 的定义，得到闭环内的准磁通为

$$\Phi_L = \oint_c \mathbf{A}\cdot\mathrm{d}\mathbf{l} + \frac{\mu^* c}{(e^*)^2}\oint\frac{\mathbf{J}_s}{n_s}\cdot\mathrm{d}\mathbf{l} \tag{3.86}$$

其中 $n_s = |\psi|^2$ 为超导电子密度，且超导电子密度、超导电子速度和动量满足关系

$$\mathbf{J}_s = e^* n_s\mathbf{v},\ \ \mathbf{v} = \frac{1}{\mu^*}\left(\mathbf{p} - \frac{e^*}{c}\mathbf{A}\right) \tag{3.87}$$

准磁通可写为

$$\Phi_L = \frac{1}{e^*}\oint p_\varphi d\varphi \tag{3.88}$$

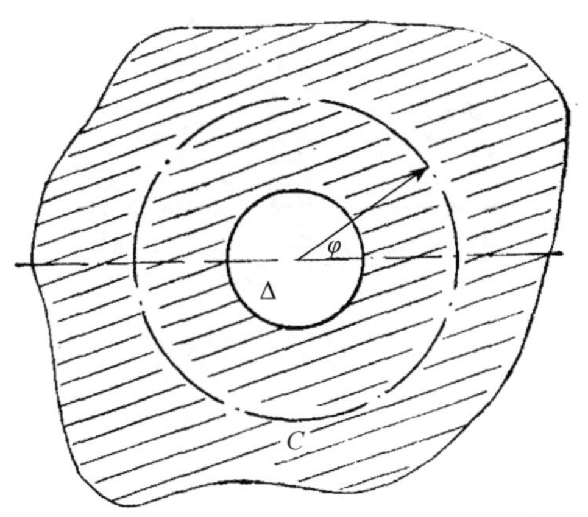

图 3.13　二维多连通超导体

图像选自丁秀香，梁九卿．物理学报，1988，37(11)，1752-1759

此处的准磁通量子化等同于玻尔-索末菲量子化条件。由任意子模型，可设想有一束非定域磁通 $\alpha\Phi_0^*$ 从洞通过，其中 $0<\alpha<1$，$\Phi_0^*=ch/e^*$。因此，非定域磁通导致了超导电子的分数角动量量子化，即

$$\oint p_\varphi d\varphi=(\text{整数}+\alpha)h \tag{3.89}$$

3.4.2　分数磁通量子化的检测

分数磁通量子化实验示意图如 3.14 所示，用一根无限长的细螺线管(长度远大于半径，一般情况长度可选毫米级，半径选微米级即可)沿轴线方向置于一个中空的超导圆筒体内。当温度高于超导体的临界温度时，给螺线管通电建立稳定磁通。当感生电流消失后，降温，进入超导态。假设螺线管内的磁通为 $\alpha\Phi_0^*$，此非定域磁通产生的角方向矢势分量为

$$A_\varphi=\frac{\alpha\Phi_0^*}{2\pi r} \tag{3.90}$$

因此，该装置的总矢势为非定域磁通矢势与超导电子产生矢势的矢量之和，即

$$A=A_\varphi+A_\varphi{}' \tag{3.91}$$

根据 Wilczek 的任意子理论，通过下面的奇异规范变换，可以消去非定域磁通产生的矢势

$$A'=A-\frac{1}{r}\frac{\partial\Lambda}{\partial\varphi}=A'_\varphi \tag{3.92}$$

这里 $\Lambda=\dfrac{\alpha\Phi_0^*\varphi}{2\pi}$ 为规范变换函数，因为波函数 $\psi(r,\varphi)$ 不是 2π 的周期函数，所

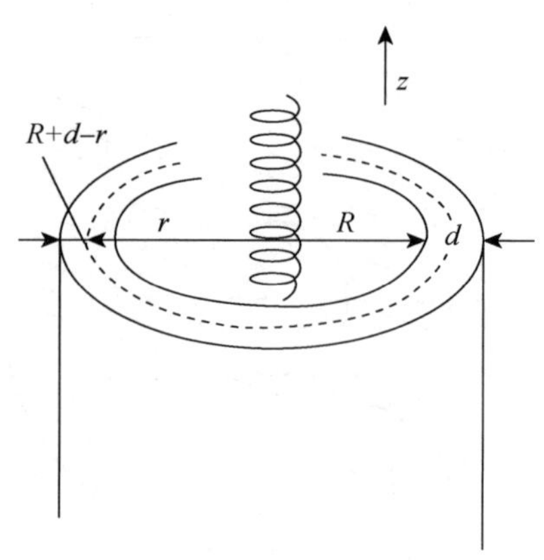

图 3.14 分数磁通量子化实验示意图
图像选自丁秀香，梁九卿．物理学报，1988，37(11)，1752−1759

以通过规范变换之后波函数就会多出了一个相因子，此相因子为公共相因子，在所有的本征波函数中都会存在，因此在理论上不会产生任何问题，变换后的波函数为

$$\psi'(r,\ \varphi) = \exp(i\alpha\varphi)\,\psi(r,\ \varphi) \tag{3.93}$$

在 G−L 理论中使用等效波函数描述超导电子，通过将本征波函数分离为角方向波函数和径向方向波函数，可得出第 m 个角动量本征函数

$$\psi_m = R_m(r)\,\mathrm{e}^{im\varphi} \tag{3.94}$$

这里 m 为整数。因此，由(3.93)式和(3.94)可知，变换后的波函数 ψ' 对应的角动量本征值谱是分数量子化的，即

$$p_\varphi = (m + \alpha)\,\hbar \tag{3.95}$$

接着，经过复杂计算得到超导环束缚的总磁通等于 London 的准磁通，即

$$\Phi_t = \oint \mathbf{A}'_\varphi \cdot \mathrm{d}\mathbf{l} = (m + \alpha)\,\Phi_0^* \tag{3.96}$$

最后，通过比较方程(3.89)和(3.96)得出磁通量子化和超导电子角动量量子化是一致的。在实验中，我们将装置系统冷却进入超导态，同时外加磁通保持不变，使用电子干涉仪或超导量子干涉仪测定超导圆筒束缚的总磁通值，如果等于外加磁通值，从而证实了分数磁通和任意子的存在。

本章小结

本章首先采用路径积分的方法分析规范场中平面转子在定态磁通和随时间变化磁通两种情况下的本征波函数和本征值，定态磁通使空间发生扭曲产生了拓扑相位，导致了分数角动量，即规范场的拓扑效应。同时，变化的磁通产生感生电场，使带电粒子在磁场中受到洛伦兹力产生力矩的作用下发生定轴旋转，即规范场的动力学效应，此效应的效果正好抵消了磁通规范场产生的扭曲，因此同伦类

传播子的动力学对称性无破缺。其次，从理论上详细分析了矢势 AB 效应和标势 AB 效应的区别，Akira 等人通过改变坡莫合金的温度，改变磁通，导致相位改变，产生干涉图样。这个实验结果，很好地验证了磁矢势引起的 A-B 效应。因此，在量子力学中势是比场更基本的物理量，且在力场为零势不为零的空间可有观察效应，即矢势 A-B 效应，约瑟夫森(Josephson)效应是标势 AB 效应。这部分内容对 AB 效应感兴趣的学生和科研人员有一定的借鉴作用。最后，通过研究一个特定中心势场中的精确可解模型量子—经典对应，我们证明了角动量的分数量子化和磁通规范场的作用。如果角动量本征波函数满足与经典轨道相同的旋转周期 $\Theta(\varphi)=\Theta(\varphi+2\pi/|\mu|)$ 这一特殊的边界条件，或者说，角动量的本征函数与经典轨道拥有相同的旋转对称性，那么旋转周期仅与中心势场的势指标参数 μ 有关，周期可能大于或小于 2π，因此，角动量谱间隔可能大于或小于 $\hbar$，只有当 $\mu=1$ 时，才是整数量子化，其余角动量则是分数量子化的。另外，正则角动量的本征值只有选择方程(3.69)，宏观量子态几率云才很好地局域于经典轨道上，量子—经典完全对应。我们通过解析计算证明量子—经典对应从而确定了正则角动量的本征值，得出 AB 磁通规范势并不影响角动量的量子化，仅使正则角动量谱平移一磁通量子数，导致本征函数产生一共同的拓扑相位。因此，我们可以肯定地说 Wliczek 提出的任意子力学模型仅是目前模型 $\mu=1$ 的一特例。最后，介绍了梁九卿教授设计的实验，分析了磁通量子化形成的机理，得出磁通量子化和超导电子角动量量子化的一致性，从而利用实验证实了分数磁通和任意子的存在。

参考文献

[1] A J Makowski. A brief survey of various formulations of the correspondence principle[J]. Eur. J. Phs. 2006, 27: 1133-1139.

[2] A J Makowski, K J Górska. Fractional and integer angular momentum wavefunctions localized on classical orbits: the case of E=0. J[J]. Phys. A: Math. Theor, 2007, 40: 11373.

[3] J. Daboul and M. M. Nieto. Quantum bound states with zero binding energy[J]. Phys. Lett. A, 1994, 190: 357.

[4] A. J. Makowski, K. J. Górska. Unusual properties of some E=0 localized states and quantum-classical correspondence[J]. Phys. Lett. A, 2007, 362: 26-30.

[5] 曾谨言. 量子力学[M]. 3 版. 北京：科学出版社, 2001, 73-151.

[6] 梁九卿，韦联福. 量子物理新进展[M]. 北京：科学出版社, 2011.

[7] F. Wliczek. Quantum mechanics of fractional-spin particles[J]. Phys. Rev. Lett, 1982, 49: 957-959.

[8] F. Wliczek. Magnetic flux, angular momentum, and statistics[J]. Phys. Rev. Lett, 1982, 48: 1144-1146.

[9] F. Wilczek and A. Zee. Appearance of gauge structure in simple dynamical systems [J]. Phys. Rev. Lett., 1984, 52: 2111-2114.

[10] Y. S. Wu. Multiparticle quantum mechanics obeying fractional statistics [J]. Phys. Rev. Lett, 1984, 53: 111-114.

[11] J. -Q. Liang, X. X. Ding. New model of fractional spin[J]. Phys. Rev. Lett., 1989, 63: 831.

[12] J. -Q. Liang and X. X. Ding. Path integrals in multiply connected spaces and the fractional angular momentum quantization[J]. Phys. Rev. A, 1987, 36: 4149.

[13] J. -Q Liang. Analysis of the experiment to determine the spectrum of the angular momentum of a charged-boson, magnetic-flux-tube composite and Aharonov-Bohm effect[J]. Phys. Rev. Lett., 1984, 53: 859.

[14] J. -Q. Liang. Does the return flux result in the Aharonov-Bohm scattering amplitude[J]. Phys. Rev. D, 1985, 32: 1014.

[15] J. -Q. Liang and X. X. Ding. Aharonov-Bohm scattering from the hydrodynamical view-point[J]. Phys. Lett. A, 1987, 119: 325.

[16] F. Wilczek. Fractional Statistics and Anyon Superconductivity [M]. Singapore: World Scientific Publishing, 1990.

[17] 辛俊丽，刘中山. AB 规范场中的拓扑效应和动力学效应[J]. 河南师范大学学报，2012，40(1)：66-69.

[18] Ady. Stern. Anyons and the quantum Hall effect—A pedagogical review[J]. Ann. Phys, 2008, 223: 204-249.

[19] C. Nayak, S. H. Simon, A. Stern, M. Freedan and S. D. Sarma. Non-Abelian anyons and topological quantum computation[J]. Rev. Mod. Phys., 2008, 80: 1083-1159.

[20] Moore. Gregory, Read. Nicholas. Nonabelions in the fractional quantum hall effect [J]. Nuclear Physics B, 1991, 360: 362.

[21] Xiao, Gang Wen. Non-Abelian statistics in the FQH states[J]. Phys. Rev. Lett. 1991, 66: 802.

[22] 林木欣，林瑞光. Aharonov-Bohm 效应的验证[J]. 大学物理，1991，6(2).

[23] 简趣玲. Aharonov-Bohm 效应与电磁基础理论教学的改革[J]. 工科物理，1994，2.

[24] Y. Aharonov, D. Bohm. Significance of Electromagnetic Potentials in the Quantum

Theory[J]. Phys. Rev., 1959, 115: 485.

[25] 倪小静，杨超云. 超导量子干涉器(SQUID)原理及应用[J]. 物理与工程，17(6)，2007：28-30.

[26] R. G. Chambers, Shift of an Electron Interference Pattern by Enclosed Magnetic Flux[J]. Phys. Rev. Lett., 1960, 5: 3.

[27] Akira Tonomura, Nobuyuki Osakabe, etc. Evidence for Aharonov-Bohm Effect with Magnetic Field Completely Shielded from Electron Wave[J]. Phys. Rev. Lett., 56(8), 1986: 792-795.

[28] Akira Tonomura, Tsuyoshi Matsuda, etc. Observation of Aharonov-Bohm Effect by Electron Holography[J]. Phys. Rev. Lett., 1982, 48(21): 1443-1446.

[29] B. D. Josephson. Possible New Effects in Superconductive Tunnelling[J]. Phys. Lett. 1(7), 1962: 251-253.

[30] Jun. Li. Xin and J. -Q. Liang. Rotational Symmetry of Classical Orbits, Arbitrary Quantization of Angular Momentum and The Role of The Gauge Field in Two-Dimensional Space[J]. Chin. Phys. B, 2012, 21, 040303.

[31] 辛俊丽. 带电粒子在二维中心势和磁通中的运动和分数角动量[J]. 量子电子学报，2012，29：406-410.

[32] M. P. Silverman. Experimental consequences of proposed angular momentum spectra for a charged spinless particle in the presence of long-range magnetic flux [J]. Phys. Rev. Lett, 1983, 51: 1927.

[33] M. Hamermesh. Group Theory and Its Applications to Physical Problems[M]. Reading MA, Addison Wesley Publishing Company, 1962.

[34] L. S. Schulman. A path integral for spin[J]. Phys. Rev, 1968, 176: 1558.

[35] R. Jackiw and A. N. Redlich. Two-dimensional angular momentum in the presence of long-range magnetic flux[J]. Phys. Rev. Lett, 1983, 50: 555.

[36] A. J. Makowski. Exact classical limit of quantum mechanics: Central potentials and specific states[J]. Phys. Rev. A, 2002, 65: 32103.

[37] A. J. Makowski and K. J. Górska. Bohr's correspondence principle: The cases for which it is exact[J]. Phys. Rev. A, 2002, 66: 062103.

[38] H. Wang, X. T. Wang, P. L. Gould and W. C. Stwalley. Optical-optical double resonance photoassociative spectroscopy of ultracold 39K atoms near highly excited asymptotes[J]. Phys. Rev. Lett, 1997, 78: 4173.

[39] A. J. Makowski. Exact classical limit of quantum mechanics: Noncentral potentials and Ermakov-type invariants[J]. Phys. Rev. A, 2003, 68: 22102.

[40] T. Kobayashi. Vortex lattices in quantum mechanics[J]. Physica. A, 2002, 303: 469.

[41] M. Nowakowski and H. C. Rosu. Newton's laws of motion in the form of a Riccati equation[J]. Phys. Rev. E, 2002. 65: 047602.

[42] J. Daboul and M. M. Nieto. Exact, E=0, classical solutions for general power-law potentials[J]. Phys. Rev. E, 1995, 52: 4430.

[43] A. J. Makowski. Quantum-classical correspondence for motion on a plane with deficit angle[J]. Ann. Phys, 2010, 325: 1622.

[44] J. Daboul and M. M. Nieto. Exact, E=0, quantum solutions for general power-law potentials[J]. Int. J. Mod. Phys. A, 1996, 11: 3801.

[45] J. Daboul and M. M. Nieto. Quantum bound states with zero binding energy[J]. Phys. Lett. A, 1994, 190: 357.

[46] G. N. Watson. Theory of Bessel function [M]. Lodon: Cambrige University Press, 1952.

[47] J. R. Klauder and B. S. Skagerstam. Coherent states applications in physics and mathematical physics[M]. Singapore: World Scientific, 1986.

[48] L. J. Tian, C. Q. Zhu, H. B. Zhang and L. G. Qin. Fidelity susceptibility and geometric phase in critical phenomenon[J]. Chin. Phys. B, 2011, 20: 040302.

[49] Y. J. He, J. W. Fan, J. W. Dong and H. Z. Wang. Self-trapped spatiotemporal necklace-ring solitons in the Ginzburg-Landau equation[J]. Phys. Rev. E, 2006, 74: 016611.

[50] A. S. Desyatnikov and Y. S. Kivshar. Necklace-ring vector solitons[J]. Phys. Rev. Lett, 2001, 87: 033901.

[51] J. Goryo. Vortex with fractional quantum numbers in a chiral p-wave superconductor[J]. Phys. Rev. B, 2000, 61: 4222.

[52] T. A. Gongora, J. V. Jose, S. Schaffner and P. H. E. Tiesinga. Quantum and classical solutions for a free particle in wedge billiards[J]. Phys. Lett. A, 2000, 274: 117.

[53] A. J. Makowski and K. J. Gorska. Quantization of the Maxwell fish-eye problem and the quantum-classical correspondence[J]. Phys Rev A, 2009, 79: 052116.

[54] E. M. Graefe, H. J. Korsch and A. E. Niederle. Quantum-classical correspondence for a non-Hermitian Bose-Hubbard dimer[J]. Phys Rev A, 2010, 82: 013629.

[55] 丁秀香，梁九卿. 超导电子的角动量和磁通量子化[J]. 物理学报，1988, 37: 1752.

第四章　中性自旋粒子在电磁场中的自旋轨道耦合和量子—经典对应

一维空间量子—经典对应已是一个众所周知的研究课题。例如，谐振子相干态的量子动力学与经典动力学完全一致。近年来，关于二维谐振子势场，中心势场[1-4]和非厄米多粒子系统[5]，即一个非厄米 N 粒子 Bose-Hubbard 二聚体的研究，引起了人们的极大研究兴趣。稳态的量子—经典对应即波函数的几率云很好地局域于经典轨道上，在解释许多奇特的量子现象方面起了关键的作用，例如原子核和金属集群的壳层效应[6,7]，介观半导体电导的起伏现象[8,9]和光电分离界面的振幅[10-12]等。

在第三章中，我们已经研究了一个粒子在一般形式二维中心势场中运动的经典周期轨道和量子波函数几率云的空间分布之间的对应关系，给出了零能条件下的解析解。通过对角度部分波函数强加一个特殊的边界条件，使波函数的几率云很好地局域于经典轨道上，即量子—经典完全对应，并有效地确定了分数角动量及说明了磁通规范场的作用。零能态在描述冷原子碰撞[13]和涡旋格子[14]等方面具有很重要的作用。在第一章中，已详细说明了自旋相干态[15-17]是与经典动力学密切相关，且最具代表性的宏观量子态，在描述与环境相互作用方面也是最稳定的量子态[18]。在二维中心势场和二维谐振子场中，自旋相干态在构造与经典周期轨道相对应且满足波函数的几率云很好地局域于经典轨道上的稳态波函数方面起着非常重要的作用。

自旋轨道相互作用(Spin-Orbit Interaction，简称 SO 相互作用)是描述粒子自旋及其动量(或者轨道自由度)之间的相互作用，是由电子自旋和电子绕原子核运动产生的磁场之间的相互作用，众所周知的塞曼(Zeeman)效应就是因为自旋轨道耦合，产生了一个附加的能量，导致了电子能级的平移[19]。在实验上，通常采用把原子放于强磁场中，由于自旋轨道耦合原子发出的每条光谱都发生了分裂，说明原子能级简并被解除。作为自旋电子学基础的自旋轨道耦合已成为近年来的研究热点，因为是相对论效应，通常很弱，在电子器件中无任何作用，但在重离子内电子速度显著增大，耦合变强，特别是在某些半导体材料中。因此，自旋轨道耦合成为介观和纳米尺度半导体结构理论和应用研究的核心，尤其是在介观系统中的自旋轨道耦合和二维系统中基于自旋轨道耦合的自旋霍尔(Hall)效应[20-23]，近年来引起了人们的广泛关注。其中电子自旋的操控代替了电荷，在量子信息处理和存储技术的研发中起了关键作用。半导体中通常有 Rashba 和 Dresselhaus 两类自旋轨道耦合相互作用，都是在相对运动的坐标系中，电子感受到磁场引起的自旋轨道耦合相互作用。同时，在二维电子气中，线性 Rashba 和 Dresselhaus 自旋轨道耦合相互作用导致了等离子体的能谱各向异性，通过展现等离子体动力学项随时间的变化，研究其传播方向，为等离子的操控，提供了有效的理论依据。另外，基于自旋轨道耦合理论制成的自旋场效应晶体管和自旋过滤器已成功应用于实验。在凝聚态系统和拓扑绝缘体中，由于非抛物线结构，其内在的抗微扰和弱无序拓扑特性在单电子操控技术和自旋量子器件中有潜在的应用价值[23-26]。在描述磁电阻隧穿[27]和冷原子动力[28]学方面，自旋轨道耦合很自然地被用来描述一个有效的非阿贝尔规范势与一个自旋粒子之间的相互作用。在量子系统中，非阿贝尔规范场的概念最初是由 Wliczek 和 Zee 在把非简并态系统的 Berry 相推广到简并态时引入的[29]。此后，如何在凝聚态或光学系统中实现非阿贝尔规范场，受到了广泛关注。在冷原子系统中，通过研究在电磁场中运动的中性自旋(赝自旋)粒子[30,31]和腔 QED 系统[32]，从理论上实现非阿贝尔规范场。

迄今为止，波函数几率密度云很好地局域于经典轨道上的量子—经典对应仅仅研究了无自旋的点粒子，因为自旋是在非相对论量子力学中被直接引入的，没有经典对应量。对于一个带有内禀角动量或自旋的粒子，其动力学与点粒子是有区别的，关键是定义经典自旋变量[33]。在非相对论量子力学中，自旋算符是直接在 Hamilton 算符中加入的，没有经典对应，当然更自然的作法是取狄拉克相对论方程的非相对论极限，得到 Pauli 方程。为保持理论的一致性，本章遵从山西大学梁九卿教授提出的方法，先构造自旋的经典对应物理量和系统的拉氏量，再研究量子—经典对应。20 世纪 80 年代 Aharonov 和 Casher 把 AB 效应中的无限长通电螺线管压缩成一个点粒子的磁矩，而把点电荷拉成为一根无限长的电荷线，中性点粒子相对电荷线的运动，也应有和矢势 AB 效应类似的效应，称之为 AC 效应[34]。后来，通过中子物质波技术，并用中子自旋在磁场中的 Zeeman 能实现了标量势的 AB 效应[35-37]，用自旋在电场中的等效矢势实现了 AC 效应的实验观测。

本章首先从唯象理论和相对论量子力学，分别介绍了自旋轨道耦合效应。其次，从理论上推导了 AC 效应，并重点介绍了 Cimmino 等人用中子干涉仪验证 AC

效应的过程[38]。最后，研究了在二维中心势场中，一个中性自旋 1/2 粒子对于均匀变化磁场[39]和轴对称电荷电场的自旋轨道耦合及量子—经典对应[40]，通过轨道角动量波函数的相干叠加即通常所说的 SU(2) 自旋相干态，构造了宏观波函数，得到了与经典轨道相对应稳定波函数，且波函数的几率云拥有与经典轨道完全相同的空间分布。此外，电场中的自旋轨道耦合产生了一个非阿贝尔规范势，从理论上建立了非阿贝尔任意子模型。

4.1　自旋轨道耦合效应

4.1.1　唯象理论中的自旋轨道耦合效应

本部分内容是在文献[41]的基础编写，我们知道电场对静止的电荷有库仑力的作用，电场对运动的电荷除了有库仑力的作用外还有洛伦兹力的作用。同时，磁场对静止的电荷没有作用力，电场对静止磁矩也无相互作用，但电场对运动磁矩确有力矩作用。自旋轨道耦合实质上是外电场对运动自旋磁矩的作用。下面我们利用唯象理论分析自旋轨道耦合效应的解析表达式。

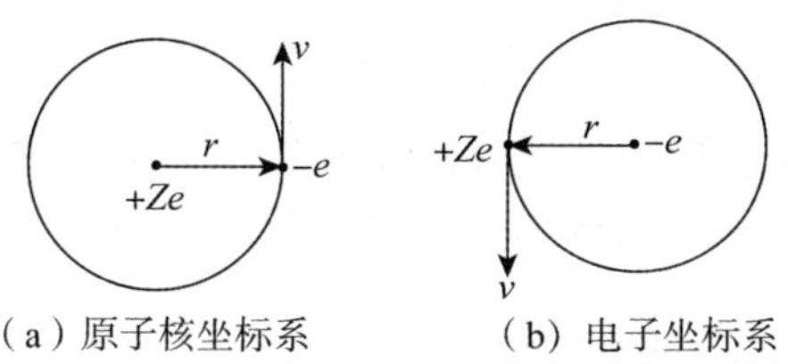

（a）原子核坐标系　　（b）电子坐标系

图 4.1　两种不同坐标系示意图

图像选自杨军，戴斌飞，李霞．大学物理，30(8)，2011

4.1 图表示两种不同坐标系的示意图，(a) 图表示的是在原子核坐标系中，根据库仑定律，一个电子$-e$，运动于原子核 Ze 产生的电场中，假设电子绕原子核以速度 v 运动，电子有一自旋磁矩，则电场对运动的磁矩就会产生相互作用，这就是人们最初认识到的自旋轨道耦合效应。由于运动是相对的，所以我们也可将电子看成不动，原子核绕电子运动如(b)图所示，自旋轨道耦合可理解为电子是静止不动的，原子核及其电场以速度$-v$ 运动产生一磁场，在电子坐标系中忽略非惯性系的影响，磁场对自旋磁矩同样有作用。根据毕奥-萨伐尔定律磁感应强度为

$$\mathbf{B}=\frac{\mu_0\mathbf{j}\times\mathbf{r}}{r^3}=\mu_0\varepsilon_0(\mathbf{v}\times\mathbf{E}) \tag{4.1}$$

其中 $\mathbf{v}$ 是电子的速度，$\mathbf{E}$ 是原子核在电子处产生的电场强度，利用电场强度径向

分布的表达式，

$$\mathbf{E}=\frac{1}{e}\frac{\partial V}{\partial r}\frac{\mathbf{r}}{r} \tag{4.2}$$

这里的 V 是原子核对电子的库仑势。由轨道角动量的定义式 $\mathbf{L}=\mathbf{r}\times\mathbf{p}$ 和 $\mathbf{p}=m\mathbf{v}$，联合方程(4.2)，方程(4.1)整理后，可得

$$\mathbf{B}=\frac{1}{emc^2}\frac{1}{r}\frac{\partial V}{\partial r}\mathbf{L} \tag{4.3}$$

上式为在电子坐标系中，原子核在电子处产生的磁场，考虑电子自旋和磁场的作用，则系统的哈密顿量可写为

$$H=\frac{\left(\boldsymbol{\sigma}\cdot\left(\mathbf{p}+\frac{e}{c}\mathbf{A}\right)\right)^2}{2m} \tag{4.4}$$

其中磁场 $\mathbf{B}=\nabla\times\mathbf{A}$，$\mathbf{A}$ 为电磁矢势，$\boldsymbol{\sigma}$ 为泡利(Pauli)算符，使用下面关系式

$$(\boldsymbol{\sigma}\cdot\mathbf{A})(\boldsymbol{\sigma}\cdot\mathbf{B})=\mathbf{A}\cdot\mathbf{B}+i\boldsymbol{\sigma}(\mathbf{A}\times\mathbf{B}) \tag{4.5}$$

方程(4.4)可写为

$$H=\frac{\left(\mathbf{p}+\frac{e}{c}\mathbf{A}\right)^2}{2m}+\frac{i}{2m}\boldsymbol{\sigma}\cdot\left(\mathbf{p}+\frac{e}{c}\mathbf{A}\right)\times\left(\mathbf{p}+\frac{e}{c}\mathbf{A}\right) \tag{4.6}$$

上式第一项为电子轨道磁矩和外磁场的相互作用，第二项就是我们关注的自旋轨道耦合相互作用。接着，我们将第二项进行化简，即

$$\begin{aligned}&\frac{ie}{2mc}\boldsymbol{\sigma}\cdot[(\mathbf{p}\times\mathbf{A})+(\mathbf{A}\times\mathbf{p})]=\frac{ie}{2mc}\boldsymbol{\sigma}\cdot(i\hbar\,\nabla\times\mathbf{A})\\&=\frac{\mathrm{eh}}{2\mathrm{mc}}\boldsymbol{\sigma}\cdot\mathbf{B}=-\boldsymbol{\mu}_s\cdot\mathbf{B}\end{aligned} \tag{4.7}$$

这里的 $\boldsymbol{\mu}_s$ 是电子自旋磁矩。根据原子物理学知识，可知 $\boldsymbol{\mu}_s=-g_s\mu_B\mathbf{S}$，$g_s$ 为电子自旋因子，$\mu_B=\frac{e\hbar}{2mc}$ 为玻尔磁子，$\mathbf{S}$ 为自旋角动量。

将方程(4.3)代入方程(4.7)中，可得自旋轨道相互作用能量为

$$\mathrm{U}=\frac{1}{m^2c^2}\frac{1}{r}\frac{\partial V}{\partial r}\mathbf{L}\cdot\mathbf{S}=-\frac{1}{m^2c^2}\nabla V\cdot(\mathbf{S}\times\mathbf{p}) \tag{4.8}$$

进而考虑电子参考系是非惯性系，这时会产生进动，可以证明在非惯性系真空中自旋轨道耦合的哈密顿量为

$$H_{SO}=-\frac{1}{4m^2c^2}(\boldsymbol{\sigma}\cdot\mathbf{p})\times\nabla V \tag{4.9}$$

上式为自旋轨道耦合的通用表达式，在自旋效应晶体管、低损耗的自旋、自旋量

子计算等问题中都有重要应用。

4.1.2　从狄拉克方程推导自旋轨道耦合项

自旋是相对论量子力学的自然结果，本部分从狄拉克方程出发，通过考虑非相对论极限，严格推导出自旋轨道耦合的具体表达式。根据相对论量子力学，有外势场存在的狄拉克方程哈密顿量为

$$H_D = c\boldsymbol{\alpha} \cdot \boldsymbol{\Pi} + \boldsymbol{\beta} m_0 c^2 - e\varphi \tag{4.10}$$

这里的 $\boldsymbol{\alpha} = \begin{pmatrix} 0 & \boldsymbol{\sigma} \\ \boldsymbol{\sigma} & 0 \end{pmatrix}$，$\boldsymbol{\beta} = \begin{pmatrix} \mathbf{I} & 0 \\ 0 & -\mathbf{I} \end{pmatrix}$，$\mathbf{I}$ 代表 2×2 的单位矩阵，$\boldsymbol{\Pi} = \mathbf{p} + e\mathbf{A}$ 为动力学动量，$\mathbf{A}$ 和 φ 分别是电磁矢势和电磁标势。在低速运动非相对论近似下，可以把正负能态间耦合作为微扰来处理，从而狄拉克方程变为 2 分量的泡利方程，所以本征方程为

$$H_D\psi = E\psi \tag{4.11}$$

其中 $\psi = \begin{pmatrix} \psi_1 \\ \psi_2 \end{pmatrix}$ 为 4 分量波函数，所以有

$$\left[\frac{(\sigma \cdot \boldsymbol{\Pi})^2}{2m} + V + \frac{\hbar}{8m^2c^2}\nabla^2 V - \frac{(\boldsymbol{\sigma} \cdot \boldsymbol{\Pi})^4}{8m^3c^2} + \frac{\hbar}{4m^2c^2}(\nabla V \times \boldsymbol{\Pi}) \cdot \boldsymbol{\sigma}\right]\psi = E\psi \tag{4.12}$$

方程左边的第一、二项给出了非相对论薛定谔方程，第三、四项是相对论修正项，最后一项就是自旋轨道相互作用在狄拉克方程中是自然引入的，其本质是相对论效应。

4.1.3　两种自旋轨道耦合效应

自旋轨道耦合效应在半导体自旋电子学中有很多具体应用，在实际研究中根据介质材料所受力的性质和材料结构对称性可以将自旋轨道耦合效应分为 Rashba 自旋轨道耦合和 Dressalhaus 自旋轨道耦合。

Rashba 自旋轨道耦合

Rashba 自旋轨道耦合效应相互作用机制是由 Rashba 首先引入的，Rashba 自旋轨道耦[42,43]合起源于结构反演不对称，材料结构的非中心对称性将导致能带倾斜。例如近年来自旋电子学研究的热点自旋场效应管结构，中间层可以视为二维电子气，假设电子运动在(x, y)平面内，z 为二维电子气系统中量子限制的方向，则该系统中 Rashba 自旋轨道耦合哈密顿量可以写为

$$H_R = \frac{\alpha}{\hbar}(\sigma \times p)_z = \alpha(\sigma_x k_y - \sigma_y k_x) \tag{4.13}$$

Dressalhaus 自旋轨道耦合

在三维晶体环境中，势能 $V(r)$ 起源于晶体周期势。大多数半导体具有闪锌矿晶格结构或者铅锌矿晶格结构，二者没有反演对称性。Dressalhaus 证明了这种反演不对称性质会导致导带有一个自旋轨道耦合引起的劈裂而形成两个子带，劈裂的大小正比于电子波数的三次方，哈密顿量可表示为

$$H_D = \boldsymbol{\beta}(\mathbf{k}) \cdot \boldsymbol{\sigma} \tag{4.14}$$

其中

$$\boldsymbol{\beta}(\mathbf{k}) = \beta [k_z(k_x^2 - k_y^2)\mathbf{e}_z + k_y(k_z^2 - k_x^2)\mathbf{e}_y + k_x(k_y^2 - k_z^2)\mathbf{e}_x]$$

是晶体内禀等效磁场，对波矢的依赖是非线性的。

在金属氧化物半导体场效应晶体管和异质结中，由于在器件界面处晶体对称性破缺，主晶体不再是理想的三维体系，二维电子气或空穴气被动态地限制在量子势阱中。有效维度的减少也降低了底层晶体的对称性，从而在 Dressalhaus 劈裂中导致了一个与 k 呈线性关系的附加项；而且如果量子势阱足够窄，那么线性项的贡献将是主要的。所以，二维体系中的 Dressalhaus 自旋轨道耦合[44]可写为

$$H_D = \beta x(\sigma_y k_y - \sigma_x k_x) \tag{4.15}$$

4.2 AC 效应及其实验验证

4.2.1 AC 效应

Aharonov 和 Bohm 首次论证了势在量子物理中具有基本的物理意义，且有可观测的效应(AB 效应)。现在我们知道 AB 效应的物理实质是：矢势场并不产生任何作用在粒子上的净作用力，因而粒子是自由的。但是，从量子力学的角度分析，系统的量子态获得一个由矢势场产生的附加相位，这一相位可通过量子态干涉现象被观察到[45]。例如：一个在无限长通电流导线管产生的矢势场中经过的带电非自旋粒子，就是一众所周知的势效应例子。日本日立公司中心实验室等曾于 80 年代做过此类实验，无可厚非地证实了矢势 AB 效应的存在，并发展成为“电子全息”新技术。

在 AB 效应中，电荷与规范势耦合，回路积分产生附加相位，在无磁场区域产生可观测效应。1984 年，Aharonov 与 Casher 提出了 AB 效应的对偶效应，具体为把原矢势 AB 效应物理模型中的通电流无限长螺线管缩短成为一个磁偶极子，同时把带电粒子扩展成一无限长的电荷线，这样系统的拉氏量在形式上不发生变化，所以会产生类似的效应，称之为 AC 效应[46]。在图 4.2(a)中的螺线管产生磁场，电子束被螺线管分成两束，由于螺线管周围磁场为零，但矢势不为零，导致两束电子的相位(AB 相位)不同，相遇产生了干涉现象。图 4.2(b)将(a)中的

螺线管产生的磁场，用磁偶极子的磁矩线来代替。图 4.2(c)中将磁偶极子和电荷角色互换，即电荷变成电荷线，磁偶极子的磁矩线变成单个的磁偶极子[47]。

首先，考虑位于在平面上 R 处的螺线管与 r 处带电粒子的相互作用，由于螺线管是电中性的，所以系统的拉氏量可写为

$$L = \frac{1}{2}mv^2 + \frac{1}{2}MV^2 + e\mathbf{A}(\mathbf{r} - \mathbf{R}) \cdot (\mathbf{v} - \mathbf{V}) \tag{4.16}$$

上式很好地描述了带电粒子与磁场的相互作用，导致了规范不变力，而且该力在磁场中消失。

$$\begin{aligned} m\ddot{\mathbf{v}} &= e(\mathbf{v} - \mathbf{V}) \times \mathbf{B} = -M\ddot{\mathbf{V}} \\ \mathbf{B} &= \nabla \times \mathbf{A}(\mathbf{r} - \mathbf{R}) \end{aligned} \tag{4.17}$$

另外，也可以证明方程(4.16)和(4.17)在伽利略变换具有不变性，因此动量守恒，即：

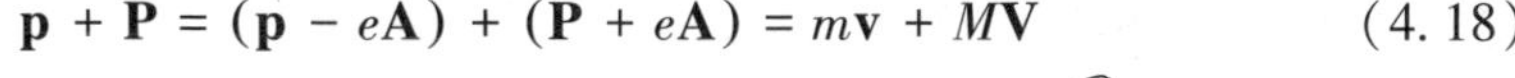

$$\mathbf{p} + \mathbf{P} = (\mathbf{p} - e\mathbf{A}) + (\mathbf{P} + e\mathbf{A}) = m\mathbf{v} + M\mathbf{V} \tag{4.18}$$

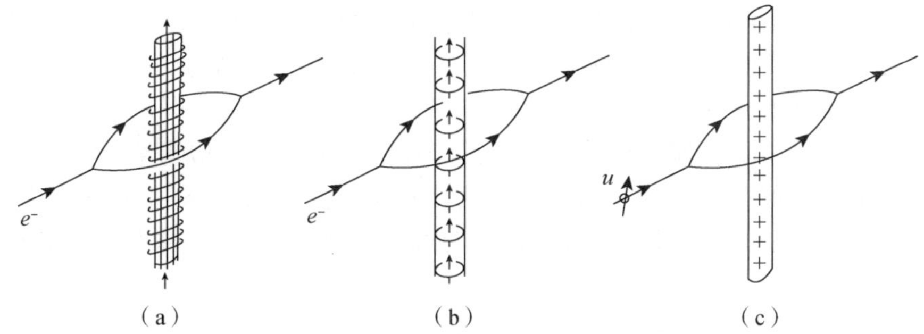

图 4.2　AB 拓扑与 AC 拓扑的对偶性的简易形象图

图像选自 A. Cimmino, G. I. Opat and A. G. Klein, Phys. Rev. Lett. **63** (380), 1989.

若将螺线管看作磁矩线，考虑磁偶极子在外电场中的运动，电流密度和磁矩之间满足下面关系：

$$\mathbf{j} = \nabla \times \mathbf{M}, \qquad \int \mathbf{M} = \boldsymbol{\mu} \tag{4.19}$$

根据洛伦兹不变性，磁矩运动会产生一个电荷密度(这里我们取 $\hbar = c = 1$)，即：

$$\rho = \mathbf{V} \cdot \mathbf{j} \tag{4.20}$$

因此，磁矩的拉氏量可写为：

$$L = \frac{1}{2}MV^2 - \int \rho A_0 = \frac{1}{2}MV^2 - \int A_0 \mathbf{V} \cdot \nabla \times \mathbf{M} = \frac{1}{2}MV^2 - \mathbf{V} \cdot \mathbf{E} \times \boldsymbol{\mu} \tag{4.21}$$

其中 $\mathbf{E} = -\nabla \mathbf{A}_0$ 是电场强度。假设电场是点电荷的库仑场，则

$$E \times \boldsymbol{\mu} = \frac{e}{4\pi} \frac{(\mathbf{R} - \mathbf{r}) \times \boldsymbol{\mu}}{|R - r|^3} = e\mathbf{A}(\mathbf{r} - \mathbf{R}) \tag{4.22}$$

其中 **A** 是 **r** 点的矢势。

规范变换是描述基本粒子间相互作用的规范场理论中的一个重要概念，具有更广泛的意义。对于给定系统的运动方程，拉氏量并不是唯一的，我们可以加任意一个时空函数的全导数 $\nabla f(\mathbf{r}-\mathbf{R})$ 。接着，返回到方程(4.16)，我们得到带电粒子系统(电荷线)与磁偶极子相互作用系统的拉氏量为：

$$L=\frac{1}{2}\sum m_e v_e^2+\frac{1}{2}\sum M_m V_m^2+\sum_{e,\ m}(\mathbf{v}_e-\mathbf{V}_m)\cdot e\mathbf{A}(\mathbf{r}_e-\mathbf{R}_m) \qquad (4.23)$$

上式忽略了电场与电场的相互作用。从量子力学的角度分析，由于矢势 **A** 依赖于位置 $(\mathbf{r}-\mathbf{R})$ ，所以系统具有一定的对偶性。或者说，**r** 与 **R** 的位置可以互换。由 AB 效应可知，电荷绕螺线管一周会产生 AB 相位，那么磁矩绕电荷线一周同样也会产生一个附加的相位：

$$S_{AC}=-\oint e\mathbf{A}(\mathbf{r}-\mathbf{R})\cdot \mathrm{d}\mathbf{R}=\mu\lambda \qquad (4.24)$$

我们称之为 AC 相位，这里 μ 是磁矩，λ 为电荷线密度。

AC 效应与 AB 效应的最大区别在于：AB 效应中电荷运动区域没有磁场存在，而 AC 效应中磁矩运动区域有电场存在，根据经典电动力学，在非相对论近似下，磁矩在电场中感受到力的作用，产生一个附加相位。早在 20 世纪 90 年代，山西大学梁九卿教授就曾指出，矢势 AB 效应和 AC 效应有着相同的拓扑特性，均属拓扑相移。组态空间的非平庸拓扑和拉氏量中的 Wess-Zumino 相互作用是拓扑相移的两个必要条件，而标势 AB 效应却是源于由标势随时间变化引起的量子态能量相因子。

4.2.2　中子干涉仪首次证实 AC 效应存在

20 世纪 80 年代，Cimmino 等人使用中子干涉仪装置验证了 AC 效应[47]。图 4.3 是实验装置示意图：在实验过程中使用非偏振中子束，其波长为 1.477A。中子波 2 首先穿过一电场区域，接着又穿过一与它相垂直的磁场；中子波 1 穿过一周期性交变电极中心后，到达另一边。实验装置上的入射缝，真空电极腔、偏置磁场等，都可绕垂直纸面向外的轴旋转。使用 He3 比例探测器 C2，C3 探测出射中子束。经理论计算之后，发现 AC 效应引起的相移很小。除此之外，考虑到干涉仪本身初始相移 $\Delta\varphi_0$，由重力引起的相移为 $\Delta\varphi_G$ 和路径 2 中磁场引起的相移 $\Delta\varphi_{\mathrm{M}}$ 等因素之后，很容易得出通过 C3 计数器得出自旋向上和自旋向下两部分计数结果的表达式

$$\begin{aligned}C_3^{\uparrow}(\pm)&=\frac{1}{2}a_3+\frac{1}{2}b_3\cos\left[\Delta\varphi_0+\Delta\varphi_G+(\mp|\Delta\varphi_{AC}|+|\Delta\varphi_M|)\right]\\ C_3^{\downarrow}(\pm)&=\frac{1}{2}a_3+\frac{1}{2}b_3\cos\left[\Delta\varphi_0+\Delta\varphi_G-(\mp|\Delta\varphi_{AC}|+|\Delta\varphi_M|)\right]\end{aligned} \qquad (4.25)$$

由于 C3 计数器对最后的计数结果无法从自旋进行区分，所以只能取两部分的叠加值，即：

$$C_3(\pm)=a_3+b_3\cos[\Delta\varphi_0+\Delta\varphi_G]\cos[|\Delta\varphi_M|\mp|\Delta\varphi_{AC}|] \tag{4.26}$$

显而易见，真正由于 AC 效应所导致的相移在最后的结果中是很难被精确测量到的。

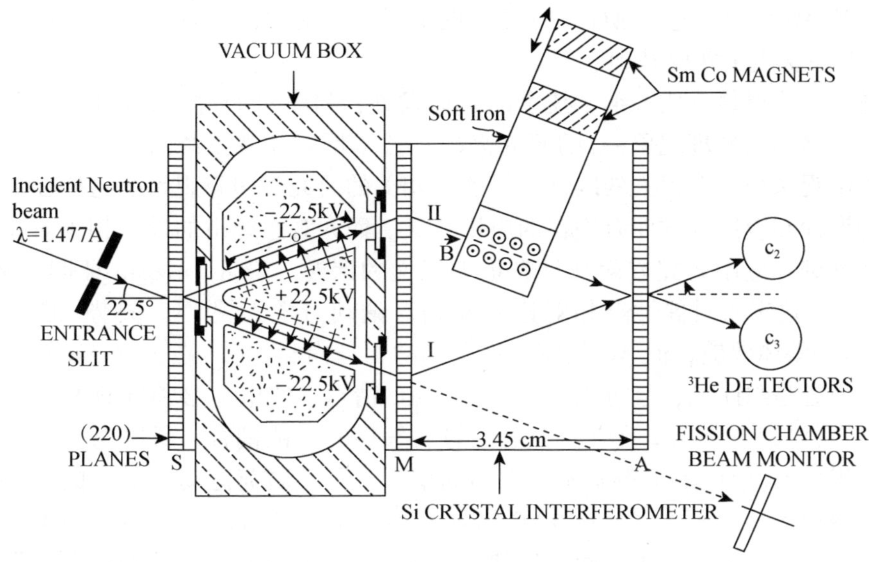

图 4.3　Bonse-Hart 硅晶干涉仪示意图

图像选自 A. Cimmino, G. I. Opat and A. G. Klein, Phys. Rev. Lett. **63** (380), 1989.

为了使得最后结果尽可能地精细，Cimmino 小组特地设计了这样一个可旋转的实验装置，即通过调节整个中子束体系对地面的角度，来更好地调节重力所导致的相移，目的是由重力产生的相移和干涉仪本身的初始相移，满足条件 $\Delta\varphi_0+\Delta\varphi_G=2\pi n$，其中 n 是整数，这样由 AC 效应所导致的相移波动在振幅上就可以尽可能大地表现出来。除此之外，该实验的一大亮点是通过外加磁场，在路径 2 中产生了由磁场导致的相移 $\Delta\varphi_M$，从达到从总体相位上调节 AC 相位的大小和计数器结果的相对大小，一般要求 $\Delta\varphi_M=\frac{\pi}{2}$，从而通过近似可以有如下关系：

$$\begin{aligned}C_3(\pm)&\approx a_3\pm b_3|\Delta\varphi_{AC}|\\C_2(\pm)&\approx a_2\mp b_2|\Delta\varphi_{AC}|\end{aligned} \tag{4.27}$$

其中，常数 a_2，b_2，a_3，b_3 是由实际使用干涉仪装置决定，满足条件 $a_2/a_3\approx 3$，同时 $b_2=b_3$。

由此可以得到由 AC 效应所导致的相移表达式：

$$\langle\Delta C\rangle=w_2|C_2(+)-C_2(-)|+w_3|C_3(+)-C_3(-)| \tag{4.28}$$

其中 w_2，w_3 是平均权重系数。经过一段时间多次试验后，Cimmino 组最后通过实验成功地验证了 AC 效应，并测出其相移为

$$\Delta\varphi_{AC}=\frac{\langle\Delta C\rangle}{2b}=2.19\pm0.52mrad \tag{4.29}$$

总之，在当时的技术条件下，Cimmino 组通过对整体装置的巧妙设计，成功地观测到 AC 效应，这为 AC 效应理论提供了有力证据，同时也为后来进一步研究 AC 效应奠定了实验基础。

随着现代材料合成和纳米技术的迅速发展，科学家们对介观物理学(介于微观和宏观之间的物理现象—)的研究兴趣日益剧增。介观系统的物理性质与宏观系统和微观系统会有很大的区别。目前，相关的研究表明介观系统主要在新量子器件的设计和应用等方面有潜在的应用意义。而介观系统中的量子相干效应则是一个在基础和应用研究方面都具有重大意义的课题。最近，Hagen 证明矢势 AB 效应和 AC 效应的对偶性与相对论和非相对论动力学无关[48]。矢势 AC 效应和 AB 效应是整体效应，但 AC 效应有更深刻的物理内涵：(1)在矢势 AB 效应情形中，磁通管是封闭的，且可以任意弯曲；AC 情形，线电荷必须准直并且与磁矩方向平行；(2)矢势 AB 效应源于电流与矢量势的规范耦合，所以电荷运动区电磁场为零；AC 效应源于磁荷流与电场的耦合，虽然磁荷运动不受力的作用，但电场在磁荷运动区不为零；(3)AC 情形，有一个额外自由度，那就是粒子的自旋取向。目前，真空中子束的干涉现象已在实验上证实 AC 效应的存在。到目前为止，一些理论物理工作者对大量体系中的 AC 效应作了很多的研究。值得一提的是，Meir 等人利用转移矩阵方法第一次揭示了在一维无序环中自旋轨道耦合相互作用可以引起一个与自旋有关的有效磁通，导致自旋轨道耦合谐次因子减少 1/2[49]。随后，Mathur 和 Stone 考察由该有效磁通引起的持续电流顺磁性，并指出自旋轨道耦合作用实质是 AC 效应的具体体现[50]。通过采用与 Meir 相同的方法，Balatsky 和 Altshuler 考虑了外场中的 AC 效应，研究了自旋轨道耦合相互作用，得到可以通过 AC 效应产生自旋流[51]。

尽管矢势的 AB 效应和 AC 效应有许多不同之处，但它们都是 Berry 相位的两个特例。受自发 AB 效应的启发，Choi 等人发现由完全极化自旋-$\frac{1}{2}$ 粒子组成的介观环中同样存在自发 AC 效应，并指出正常金属环中，由于电子既带电又有内禀磁矩，自发 AB 和 AC 效应同时存在，但是自发 AB 与 AC 效应强度比是 10^{-3} 数量级。因此，在实际样品中，自发 AC 效应非常微弱，很难观测到。但是，若考虑到适当磁场条件下在第二类超导体中会激发磁通子，汪子丹，朱建新等人从连续化模型和紧束缚模型出发，通过把磁通子作为具有有效磁矩但电中性的硬核量子粒子来处理，研究了由第二类超导体组成的介观环，发现自发 AC 效应的存在

不依赖于粒子数的奇偶性，因此 AC 效应对粒子数的涨落不敏感，从而获得更大的自发感生电动势，为实验探索自发 AC 效应提供了新思路[52-54]。

4.3　中性自旋$\frac{1}{2}$粒子在电磁场中的运动

在充分理解 AC 效应理论和中子观测实验的基础上，我们接着讨论中性自旋粒子在电磁场中的经典动力学。有关自旋 $\frac{1}{2}$ 粒子在稳定、均匀外电磁场中的动力学知识，已在文献[39]中给出。我们现将其推广到一般情况，作为相空间的动力学变量，自旋的三个分量服从约束关系 $S_x^2+S_y^2+S_z^2=\lambda^2$，$\lambda\in\mathbb{R}^+$ 且满足泊松(Poisson)括号：

$$[S_\alpha,\ S_\beta]=i\hbar\sum\varepsilon_{\alpha\beta\gamma}S_\gamma \tag{4.30}$$

拉氏量是组态空间的函数，该空间是三维坐标空间和自旋空间的直积 $\mathbb{R}^3\times\Gamma$。其中 x 是粒子在坐标空间的位置。$\Gamma=\{g\}$ 是转动群自旋 $\frac{1}{2}$ 表示，其生成元是 $SU(2)$ 矩阵，可看作自旋组态空间 $\Gamma=\{g\}$ 中的“坐标点”，$g^\dagger g=gg^\dagger=1$，$\det g=1$。自旋组态空间的点 g 与相空间动力学变量 S_α 有如下的关系：

$$\sum_{\alpha=1}^{3}S_\alpha\sigma_\alpha=\lambda g\sigma_3 g^{-1} \tag{4.31}$$

$\sigma_\alpha(\alpha=1,\ 2,\ 3)$ 表示 Pauli 矩阵。因此，非相对论中性自旋粒子在外电磁场 $\vec{E}$ 和 $\vec{B}$ 中的拉氏量可表示为

$$L=L_0+\frac{\mu\lambda}{2c}tr[g\sigma_3g^{-1}(\mathbf{E}\times\dot{\mathbf{x}})\cdot\sigma]+\frac{\mu\lambda}{2}tr[g\sigma_3g^{-1}(\mathbf{B}\cdot\boldsymbol{\sigma})] \tag{4.32}$$

其中 L_0 表示质量为 m 的自由自旋粒子的拉氏量：

$$L_0=\frac{1}{2}m\,\dot{\mathbf{x}}^2+i\lambda\,tr(\sigma_3g^{-1}\dot{g}) \tag{4.33}$$

tr 表示求迹运算，μ 是中性自旋粒子的磁矩。通过(4.31)式，拉氏量(4.32)式的更直观形式可写为

$$L=L_0+\frac{\mu}{c}\mathbf{S}\cdot(\mathbf{E}\times\dot{\mathbf{x}})+\mu\mathbf{B}\cdot\mathbf{S} \tag{4.34}$$

由哈密顿原理，

$$\delta\int L\mathrm{d}t=0 \tag{4.35}$$

接下来，我们对空间坐标进行变分，得到拉氏方程，将(4.34)式的拉氏量代入拉氏方程，则可得运动方程，

$$m\ddot{\mathbf{x}} + \frac{\mu}{c}\dot{\mathbf{S}} \times \mathbf{E} + \frac{\mu}{c}\mathbf{S} \times (\dot{\mathbf{x}} \cdot \nabla)\mathbf{E} + \frac{\mu}{c}\mathbf{S} \times \frac{\partial \mathbf{E}}{\partial t} = \frac{\mu}{c}\nabla[\mathbf{S} \cdot (\mathbf{E} \times \dot{\mathbf{x}})] + \mu\nabla(\mathbf{S} \cdot \mathbf{B}) \tag{4.36}$$

对于自旋运动方程，可由拉氏方程对 g 变分求得。因为 $\Gamma = \{g\}$ 的 Lie 代数一般元素可写为 $i\boldsymbol{\varepsilon} \cdot \boldsymbol{\sigma}$，其中 $\boldsymbol{\varepsilon}$ 是一无限小量。

对 g 的进行变分，普遍形式为

$$\begin{aligned} \delta g &= i\boldsymbol{\varepsilon} \cdot \boldsymbol{\sigma} g \\ \delta g^{-1} &= - ig^{-1}\boldsymbol{\varepsilon} \cdot \boldsymbol{\sigma} \\ \delta_L &= \delta_{L_0} + \delta_{L_I} \end{aligned} \tag{4.37}$$

利用方程(4.30)，可得

$$\begin{aligned} \delta_{L_0} &= - i\lambda\, tr[\sigma_3(\delta g^{-1}\dot{g} + g^{-1}\delta\dot{g})] = - Tr[\mathbf{S} \cdot \boldsymbol{\sigma}\dot{\boldsymbol{\varepsilon}} \cdot \boldsymbol{\sigma}] = - 2\mathbf{S} \cdot \dot{\boldsymbol{\varepsilon}} \\ \delta_{L_I} &= \frac{\mu\lambda}{2}tr\left[(\delta g\sigma_3 g^{-1} + g\sigma_3\delta g^{-1})\left(\frac{\mathbf{E} \times \dot{\mathbf{x}}}{c} + \mathbf{B}\right) \cdot \boldsymbol{\sigma}\right] \end{aligned} \tag{4.38}$$

将(4.37)式代入(4.38)式，并利用(4.2.9)式，可得

$$\begin{aligned} \delta_{L_I} &= \frac{\mu}{2}tr\left\{i[\varepsilon \cdot \boldsymbol{\sigma},\ \mathbf{S} \cdot \boldsymbol{\sigma}]\left(\frac{\mathbf{E} \times \dot{\mathbf{x}}}{c} + \mathbf{B}\right) \cdot \boldsymbol{\sigma}\right\} \\ &= - 2\mu\left(\mathbf{S} \times \frac{\mathbf{E} \times \dot{\mathbf{x}}}{c} + \mathbf{B}\right) \cdot \boldsymbol{\varepsilon} \end{aligned} \tag{4.39}$$

把(4.38)和(4.39)式代入(4.35)式，并使用分部积分法，可得到自旋运动方程：

$$\mathbf{S} = - \frac{\mu}{c}(\dot{\mathbf{x}} \times \mathbf{E}) \times \mathbf{S} - \mu\mathbf{B} \times \mathbf{S} \tag{4.40}$$

最后，将自旋运动方程(4.40)式代入(4.36)式，可得到与文献[56]中使用 WKB 近似解 Dirac 方程得到的自旋 $\frac{1}{2}$ 中性粒子在外电磁场中的完全一致的运动方程。

4.4 均匀变化磁场驱动下中性自旋粒子的量子—经典对应

考虑一个质量为 M 、自旋为 $\frac{1}{2}$ 的中性粒子在二维中心势场和一个均匀随时间变化磁场 $\mathbf{B}(t)$ 驱动下运动，

$$V(r) = - \frac{\gamma_v}{r^v} \tag{4.41}$$

其中 $r = \sqrt{x^2 + y^2}$ ，$\gamma_v > 0$，$- \infty < v < \infty$，此处假设磁场沿 z 轴方向。

4.4.1　经典动力学

这里我们忽略磁场变化引起的感生电场作用，因为电场和自旋相互作用 $\frac{\mu}{c}\dot{\mathbf{r}}\cdot(\mathbf{S}\times\mathbf{E})$ 是相对论效应，相对于均匀磁场产生的塞曼能 $\mu\mathbf{B}\cdot\mathbf{S}$ 是一小量。因此，通过构造自旋经典对应物理量，写出系统的拉氏量为

$$\begin{aligned}L &= L_0 + L_I \\ &= \left[\frac{1}{2}M\dot{r}^2 + i\lambda tr(\sigma_z g^{-1}\dot{g}) - V(r)\right] + \frac{\mu\lambda}{2}tr\left[g\sigma_z g^{-1}(\mathbf{B}\cdot\boldsymbol{\sigma})\right]\end{aligned} \tag{4.42}$$

其中 L_0 是自由粒子部分的拉氏量，L_I 是自旋和磁场相互作用部分的拉氏量。使用(4.34)式，系统的拉氏量可写成下面更直观包含自旋-轨道耦合的形式

$$L = L_0 + \mu\mathbf{B}\cdot\mathbf{S} \tag{4.43}$$

很容易证明，该拉氏量给出的运动方程是正确的。下面通过对作用量

$$\mathbb{S} = \int L\mathrm{d}t$$

空间坐标变分取极值，

$$\delta\,\mathbb{S} = 0 \Rightarrow \frac{\partial L}{\partial r} - \frac{\mathrm{d}}{\mathrm{d}t}\left(\frac{\partial L}{\partial \dot{r}}\right) = 0 \tag{4.44}$$

给出中性自旋粒子的运动方程

$$m\ddot{\mathbf{r}} = -\nabla V(\mathbf{r}) \tag{4.45}$$

显然，中性自旋粒子的空间运动相当于一个自由粒子在中心势场中的运动，不受磁场影响。

对于自旋运动方程，可由(4.2.18)式得到

$$\dot{\mathbf{S}} = -\mu(\mathbf{B}\times\mathbf{S}) \tag{4.46}$$

或

$$\begin{aligned}\dot{S}_x &= \mu B S_y \\ \dot{S}_y &= -\mu B S_x \\ \dot{S}_z &= 0\end{aligned} \tag{4.47}$$

通过解微分方程组(4.47)，很容易得出经典自旋方程的一般解

$$\begin{aligned}S_x(t) &= S_x(0)\cos\Delta(t) + S_y(0)\sin\Delta(t) \\ S_y(t) &= S_y(0)\cos\Delta(t) - S_x(0)\sin\Delta(t) \\ S_z(t) &= S_z(0)\end{aligned} \tag{4.48}$$

其中 $S_i(0)$ 表示初始自旋，而 $\Delta(t)=\int_0^t w(t)\mathrm{d}t$，$w(t)=\mu B(t)$，$\Delta(t)$ 是自旋磁矩在外磁场中做 Larmor 进动时的进动角，w 是进动频率。若初始自旋沿 **n** 方向（**n** 是一单位矢量），其方向角为 θ 和 φ，即

$$\mathbf{n}=(\sin\theta\cos\varphi,\ \sin\theta\sin\varphi,\ \cos\theta) \tag{4.49}$$

所以，$S_1(0)=\lambda\sin\theta\cos\varphi$，$S_2(0)=\lambda\sin\theta\sin\varphi$，$S_3(0)=\lambda\cos\theta$。而这里的非极化中子的自旋应该取各种极化方向的统计平均 $\frac{1}{4\pi}\int S(t)\sin\theta\mathrm{d}\theta\mathrm{d}\varphi=0$，即其值为零。由此可以看出，自旋轨道耦合仅仅使自旋磁矩在外磁场方向产生 Larmor 进动，对运动方程没有影响[57-59]。

将此问题具体到方程(4.41)式的二维中心势场中，从计算方便的角度考虑，我们采用极坐标系 $(\mathbf{r},\ \varphi)$ 计算经典轨道。

首先，写出系统总的拉氏量

$$L(\dot r,\ \dot\varphi,\ t)=\frac{1}{2}m[\dot r^2+(r\dot\varphi)^2]+\frac{\gamma_v}{r^v}+\mu\mathbf{B}\cdot\mathbf{S} \tag{4.50}$$

于是得到正则动量和正则角动量

$$p_{\dot r}=\frac{\partial L}{\partial\dot r}=m\dot r$$

$$\ell^c_{\dot\varphi}=\frac{\partial L}{\partial\dot\varphi}=mr^2\dot\varphi=\ell^k_{\dot\varphi} \tag{4.51}$$

假设中性自旋粒子的力学角动量 $\ell^k_{\dot\varphi}=\eta\hbar$，其中 η 是大于零的任意值，考虑总能量等于零的经典轨道，即

$$\frac{(\eta\hbar)^2}{2mr^4}[(\frac{\mathrm{d}r}{\mathrm{d}\varphi})^2+r^2]-\frac{\gamma_v}{r^{2k+2}}=0 \tag{4.52}$$

通过变量变换 $v=2k+2$，$\xi=r/a_c$，$y=\xi^k$，$x=\cos^{-1}y$，直接得出方程(4.52)的轨道方程

$$\varphi-\varphi_0=\int_1^\xi\frac{\xi^{k-1}}{\sqrt{1-\xi^{2k}}}\mathrm{d}\xi=k^{-1}\int_1^y\frac{\mathrm{d}y}{\sqrt{1-y^2}}=-k^{-1}\int_0^{\arccos y}\mathrm{d}x$$

结果是

$$\xi^k=\cos k(\varphi-\varphi_0)$$

或

$$r^k=a_c^k\cos[k(\varphi-\varphi_0)] \tag{4.53}$$

这里的 $a_c^{2k}=2M\gamma_v/(\ell^k_{\dot\varphi})^2=2M\gamma_v/\eta^2\hbar^2$。图 4.4(a)和(b)给出了初始角 $\varphi_0=0$，k=2 和 9/4 的封闭经典轨道，在数值计算中，我们取 $2M\gamma_v/\hbar^2=1$。经典方程(4.53)

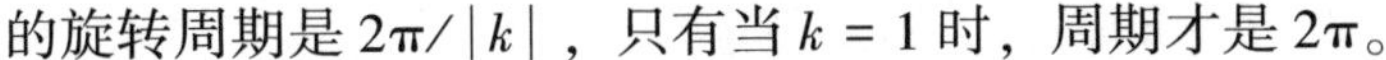
的旋转周期是 $2\pi/|k|$，只有当 $k=1$ 时，周期才是 2π。

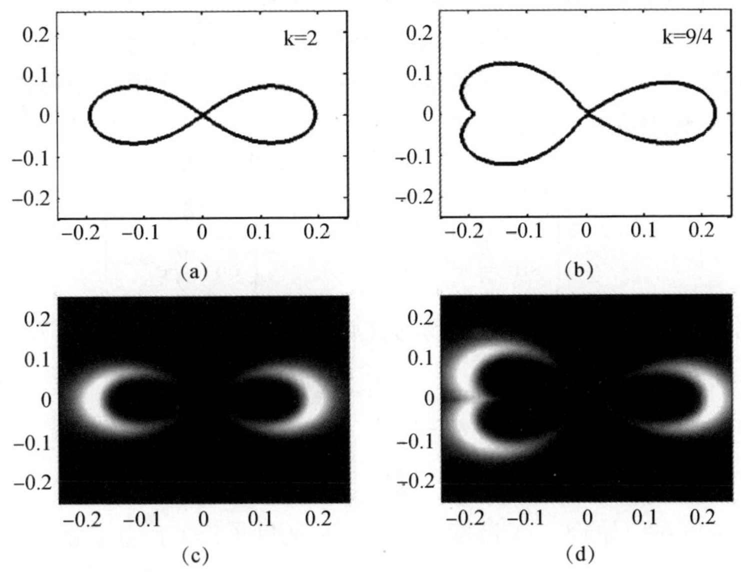

图 4.4　$k=2, \frac{9}{4}$ 闭轨道和波函数几率云的对应图

图像选自辛俊丽，量子光学学报，18(3)，2012

4.4.2　量子波函数的自旋相干态表示及量子—经典对应

在量子力学中，该系统的哈密顿算符是

$$\hat{H}=-\frac{\hbar^2}{2m}\nabla^2-\frac{\hbar^2}{2}\mu B\sigma_z+V(r) \tag{4.54}$$

因此，含时薛定谔方程为

$$i\hbar\frac{\partial}{\partial t}|\psi\rangle=\left[-\frac{\hbar^2}{2m}\nabla^2-\frac{\hbar^2}{2}\mu B\sigma_z+V(r)\right]|\psi\rangle \tag{4.55}$$

在极坐标系中，我们将波函数 $|\psi\rangle$ 进行空间和自旋分离，即分离变量 $|\psi\rangle=|r,\varphi\rangle|\chi\rangle$，其中 $|\chi\rangle$ 是任意自旋态，方程(4.55)可写为

$$i\hbar\frac{\partial}{\partial t}|\chi\rangle=-\frac{\hbar}{2}\mu B\sigma_z|\chi\rangle \tag{4.56}$$

$$-\frac{\hbar^2}{2m}\left[\frac{\partial^2}{\partial r^2}+\frac{1}{r}\frac{\partial}{\partial r}+\frac{1}{r^2}\frac{\partial^2}{\partial\varphi^2}\right]|r,\varphi\rangle+V(r)|r,\varphi\rangle=0 \tag{4.57}$$

对于量子—经典对应，我们一般选择自旋相干态，它是一宏观量子态，具体参照本书第一章内容。对于自旋 1/2 系统满足

$$\hat{\sigma} \cdot \hat{n} | n_{\pm} \rangle = \pm | n_{\pm} \rangle \tag{4.58}$$

$| n_{\pm} \rangle$ 分别表示北、南极规范的自旋相干态，其中

$$\hat{n} = (\sin\theta\cos\varphi,\ \sin\theta\sin\varphi,\ \cos\theta)$$

是用方向角描述的单位矢量。北极规范、南极规范的自旋相干态可由 $\hat{\sigma}_z$ 的本征态 $| + \rangle$ 空间旋转生成

$$| n_{+} \rangle = \begin{pmatrix} \cos \dfrac{\theta}{2} e^{-i\varphi/2} \\ \sin \dfrac{\theta}{2} e^{i\varphi/2} \end{pmatrix} \quad | n_{-} \rangle = \begin{pmatrix} \sin \dfrac{\theta}{2} e^{-i\varphi/2} \\ \cos \dfrac{\theta}{2} e^{i\varphi/2} \end{pmatrix} \tag{4.60}$$

如果选择北极规范，则通过均匀磁场的自旋相干态，利用方程(4.17)，显然是

$$| \chi_{+} (\mathbf{B}) \rangle = \begin{pmatrix} \cos \dfrac{\theta}{2} e^{-i\varphi/2} e^{i\Delta(t)/2} \\ \sin \dfrac{\theta}{2} e^{i\varphi/2} e^{-i\Delta(t)/2} \end{pmatrix} \tag{4.61}$$

根据量子—经典对应原理，在自旋相干态(宏观量子态)上力学量期待值的时间演化和经典动力学一致。为此，在 Schrödinger 绘景中，计算自旋算符在磁场驱动下，含时自旋相干态上的期待值为

$$\begin{aligned} \langle \chi_{+} (\mathbf{B}) | \sigma_x | \chi_{+} (\mathbf{B}) \rangle &= \sin\theta\cos\varphi\cos\Delta(t) + \sin\theta\sin\varphi\sin\Delta(t) \\ \langle \chi_{+} (\mathbf{B}) | \sigma_y | \chi_{+} (\mathbf{B}) \rangle &= \sin\theta\sin\varphi\cos\Delta(t) - \sin\theta\cos\varphi\sin\Delta(t) \\ \langle \chi_{+} (\mathbf{B}) | \sigma_z | \chi_{+} (\mathbf{B}) \rangle &= \cos\theta \end{aligned} \tag{4.62}$$

显然 $\sigma_x(0) = \sin\theta\cos\varphi$，$\sigma_y(0) = \sin\theta\sin\varphi$，$\sigma_z(0) = \cos\theta$ 表示加磁场前自旋的初始值，方程(4.48)和(4.62)表明自旋算符期待值的时间演化和经典方程完全相同，为此我们用自旋相干态方法验证了自旋经典运动方程的量子—经典之间对应关系。

接着，我们考虑轨道方程与波函数几率云空间分布的一致性。首先，对方程(4.57)中的波函数进一步分离变量，即 $| r, \varphi \rangle = | r \rangle | \varphi \rangle$，可以得到角度部分的本征解 $| \varphi \rangle = C_{\varphi} e^{i\beta\varphi}$，其中 $C_{\varphi} = \sqrt{|k|/2\pi}$ 是归一化系数。同时，角动量量子化被波函数几率云和经典轨道具有完全相同的旋转对称性条件唯一确定。

$$\beta = j|k| \tag{4.63}$$

这里的 j 是整数。

同时，径向部分的本征方程可写为

$$\left[\frac{\partial^2}{\partial r^2} + \frac{1}{r}\frac{\partial}{\partial r} - \frac{\beta^2}{r^2}\right] | r \rangle + \frac{2m}{\hbar^2}\frac{\gamma_v}{r^v} | r \rangle = 0 \tag{4.64}$$

通过变量代换 $\rho = r/a_q$，$y = 1/\rho$，a_q 是一个具有长度量纲的量，方程(4.64)改

写为

$$\left[y^2\frac{\mathrm{d}^2}{\mathrm{d}y^2}+y\frac{\mathrm{d}}{\mathrm{d}y}-\beta^2+A^2y^{\upsilon-2}\right]|y\rangle=0 \tag{4.65}$$

其中 $A^2=\dfrac{2m\gamma_{\upsilon}}{\hbar^2 a_q^{\upsilon-2}}$，使用原子单位令 $\dfrac{2m\gamma_{\upsilon}}{\hbar^2}=1$，所以 $Aa_q^k=1$，显然方程(4.64)的解为

$$|r\rangle_{\beta}=C_{\beta}J_{\frac{\beta}{|k|}}\left(\frac{1}{|k|r^k}\right) \tag{4.66}$$

C_{β} 是归一化系数，且

$$C_{\beta}=\left(2\sqrt{\pi}\ |k|^{\frac{2}{k}+1}\frac{\Gamma(1+1/k)\Gamma(1+\beta/|k|+1/k)}{\Gamma(1/2+1/k)\Gamma(\beta/|k|-1/k)}\right)^{1/2} \tag{4.67}$$

在大量子数极限下，我们发现传统意义上的本征态并不能很好地证实经典轨道的特性。因此，构造宏观量子态是非常必要的。在第一章中，我们已经证明与经典轨道相关的波函数能够通过 SU(2) 自旋相干态形式解析地构造(参照本书第一章构造的方法)。因此，与经典轨道相近的波函数被表示

$$|\psi\rangle_n=\frac{1}{(1+|\tau|^2)^{n/2}}\sum_{j=0}^{n}(C_n^j)^{1/2}\tau^j|\varphi\rangle C_{\beta}|r\rangle_{\beta}|\chi_+(\vec{B})\rangle \tag{4.68}$$

其中 $\tau=\mathrm{e}^{i\varphi}$ 是一复变量，$|\psi\rangle_n$ 是归一化的，即 $\int_{-\pi/|k|n}^{\pi/|k|}\langle\psi|\psi\rangle_n r\mathrm{d}r\mathrm{d}\varphi=1$。图 4.4(c)和(d)给出了 $n=30$ 即 30 个相干波函数的叠加，${}_n\langle\psi|\psi\rangle_n$ 在空间的几率密度分布，对比图 4.4(a)(b)和(c)(d)，我们可以看出波函数几率密度云的空间分布与经典轨道完全一致，或者说波函数的几率云很好地局域于经典轨道上，满足量子—经典完全对应。

总之，通过研究均匀变化磁场和中心磁场中，中性自旋 1/2 粒子的运动，得出结论：自旋轨道耦合对均匀变化磁场驱动下中性自旋粒子在中心势场中的经典运动没有影响，仅使其自旋磁矩在外磁场方向产生 Larmor 进动。若考虑自旋为 1/2 的中性粒子，我们从理论上证明了自旋算符期待值的时间演化和经典方程完全一致。通过构造的与 SU(2) 相干态权重相同的宏观量子态，发现其几率云完全局域于经典轨道上，满足自旋和轨道同时对应。

4.5　轴对称静电场中的量子—经典对应

本节主要研究在轴对称的电场中，中性自旋 1/2 粒子运动时，自旋和粒子的经典运动方程，自旋与电场耦合作用产生的赝非阿贝尔规范势，自旋经典运动方程和期待值，经典周期轨道和波函数几率云空间分布的经典-量子对应等，此部分内容是基于文献[40]撰写。

4.5.1 拉氏量和哈密顿量

在二维中心势场 $V(r)=-\gamma_v/r^v$ 中，一个中性自旋粒子的经典动力学可通过下面的拉氏量表示

$$L_0=\frac{1}{2}[M\dot{r}^2+i\lambda Tr(\sigma_3 g^{-1}\dot{g})]-V(r) \tag{4.69}$$

现假设在中心势场中，加入一柱对称电场，形式如下

$$\mathbf{E}=\frac{\eta e_r}{r} \tag{4.70}$$

这一电场可通过电荷密度为 η 的无线长电荷线产生的电场来实现。自旋和电场相互作用的拉氏量，即自旋轨道耦合(SO)为

$$L_i=\frac{\mu\lambda}{2c}Tr[g\sigma_3 g^{-1}(\mathbf{E}\times\dot{\mathbf{r}})\cdot\boldsymbol{\sigma}] \tag{4.71}$$

其中 μ 是自旋粒子磁矩。把关系式方程(4.69)和(4.71)代入方程(4.32)，电场中的中性自旋粒子包括自旋轨道耦合的总拉氏量 $L=L_0+L_i$ 变为

$$L=L_0+\frac{\mu}{c}[\dot{\mathbf{r}}\cdot(\mathbf{S}\times\mathbf{E})] \tag{4.72}$$

这里的自旋变量应看作是组态空间“坐标” g 的函数。通过对空间坐标 r 和自旋组态空间“坐标点” g 的进行变分，我们得到轨道和自旋运动方程

$$M\ddot{\mathbf{r}}+\dot{\mathbf{p}}_i=-\nabla V(r)+\frac{\mu}{c}\nabla[\mathbf{S}\cdot(\mathbf{E}\times\dot{\mathbf{r}})] \tag{4.73}$$

$$\dot{\mathbf{S}}=\frac{\mu}{c}(\dot{\mathbf{r}}\times\mathbf{E})\times\mathbf{S} \tag{4.74}$$

其中 $\mathbf{p}_i$ 被称为内禀动量

$$\mathbf{p}_i=\frac{\mu}{c}(\mathbf{S}\times\mathbf{E})$$

当不考虑自旋轨道耦合(即 $\mathbf{E}=0$)时，从方程(4.73)可以看出自旋变量变成一守恒量，运动方程也约化为点粒子在中心势场中的运动。

根据正则动量的定义

$$\mathbf{p}=\nabla_{\dot{r}}L=M\dot{\mathbf{r}}+\frac{\mu}{c}(\mathbf{S}\times\mathbf{E}) \tag{4.75}$$

得到哈密顿量

$$H=\frac{\left[\mathbf{p}-\frac{\mu}{c}\mathbf{A}\right]^2}{2M}+V(r) \tag{4.76}$$

很显然，$\mathbf{A}=\mathbf{S}\times\mathbf{E}$ 是中性自旋粒子在电场中的等效矢势，下面我们将看到量子化后，矢势 A 变成了一个赝非阿贝尔规范势。因此，规范场的结构形式是我们引入经典自旋变量得出的最重要的结论。

4.5.2　约化经典运动方程

耦合经典运动方程(4.73)和(4.74)，把固定约束条件去掉，我们则得到一个新的动力学系统，即中子在线电荷电场和中心势场中的运动，计算发现，在初始条件 $\dot{z}|_{t=0}=0$ 的条件下，空间运动只有中心势场的作用，所以方程(4.73)和(4.74)可以约化为

$$
\begin{aligned}
M\ddot{x} &= -\frac{\partial}{\partial x}V(r)\\
M\ddot{y} &= -\frac{\partial}{\partial y}V(r)
\end{aligned}
\tag{4.77}
$$

和

$$
\begin{aligned}
\dot{S}_x &= -\frac{q}{r^2}[\dot{x}y-\dot{y}x]S_y\\
\dot{S}_y &= \frac{q}{r^2}[\dot{x}y-\dot{y}x]S_x\\
\dot{S}_z &= 0
\end{aligned}
\tag{4.78}
$$

这里的 $q=\eta\mu/c\ll 1$(在低速条件下)是一无量纲的小量，不考虑 q 的高阶线性项，所以自旋轨道耦合是一相对论效应。有趣的是，我们看到质心运动并不受自旋运动的影响，而是被有效地局域于二维平面。

经过计算，得到自旋运动方程的解

$$
\begin{aligned}
S_x(t) &= S_x(0)\cos[q\varphi(t)]+S_y(0)\sin[q\varphi(t)]\\
S_y(t) &= -S_x(0)\sin[q\varphi(t)]+S_y(0)\cos[q\varphi(t)]\\
S_z(t) &= S_z(0)
\end{aligned}
\tag{4.79}
$$

其中 $\varphi(t)=\arctan[y(t)/x(t)]$，$S_i(0)$ $(i=x,\ y,\ z)$ 表示自旋变量的初始值。从这里可以看出，自旋模型的非阿贝尔规范场和点电荷的 AB 模型规范势相似，但是多了一个自旋自由度，所以自旋运动仅仅是绕着 z 轴 S_z 做 Larmor 进动，且进动角 $q\varphi(t)$ 与极角 $\varphi(t)$ 成正比。当 q 为非整数时，我们看到即使粒子完全运动一周，自旋矢量也回不到原来的位置，这是由非阿贝尔任意子的动力学原因造成的。质心在 z 轴方向的运动速度等于 $\dot{z}$，围绕 z=0 平面做相对扰动，

$$
\dot{z}=-\frac{q}{Mr}[S_x(0)\sin\varphi-S_y(0)\cos\varphi]
$$

这个扰动并不影响方程(4.77)的平面运动和方程(4.79)的自旋进动。因此，我们只需要考虑自旋轨道耦合粒子在二维空间的运动即可，在低速近似下，从量子和经典两方面得到其精确解。

4.5.3 二维空间的有效哈密顿量和经典轨道

在极坐标系中，与约化方程(4.77-4.79)对应的有效拉氏量是

$$L^e = L_0^e + L_i^e$$

其中

$$L_0^e = \frac{M}{2}(\dot{r}^2 + r^2\dot{\varphi}^2) - V(r) \qquad L_i^e = qS_z\dot{\varphi} \tag{4.80}$$

L_i^e 是 Wess-Zummino 自旋轨道耦合项。

正则动量

$$p_r = \frac{\partial L^e}{\partial \dot{r}} = M\dot{r} \tag{4.81}$$

$$p_z^c = p_z^K + qS_z \tag{4.82}$$

其中 p_z^c 是正则角动量，p_z^K 是力学角动量。

哈密顿量为

$$H = \frac{p_r^2}{2M} + \frac{1}{2Mr^2}[p_z^c - qS_z]^2 + V(r) \tag{4.83}$$

假设力学角动量的初始值为

$$p_z^K = \gamma\hbar \tag{4.84}$$

$$\frac{(p_z^K)^2}{2Mr^4}\left[\left(\frac{dr}{d\varphi}\right)^2 + r^2\right] - \frac{\gamma_v}{r^{2k+2}} = 0 \tag{4.85}$$

与第三章中心势场中经典轨道方程形式类似，可以直接写出其轨道方程

$$r^k = a_c^k\cos[k(\varphi - \varphi_0)] \tag{4.86}$$

在图 4.5 中，设定初始角为零，初始力学角动量的值分别设置为 15，35，60，135/2，85，75 对应的中心势指标参数 $k=1$，7/3，4，9/2，5，17/3 的封闭经典周期轨道。在图 4.6 中，初始力学角动量的值分别设置为对应的中心势指标参数 $k=-6$，$-17/4$ 的开放经典轨道。因此，我们发现对于轴对称静电场中的中性自旋粒子运动的轨道与中性自旋粒子在磁场的运动相类似，因为自旋轨道耦合在轴对称电场和磁场中，仅仅是自旋产生了进动，并不影响粒子的空间运动。

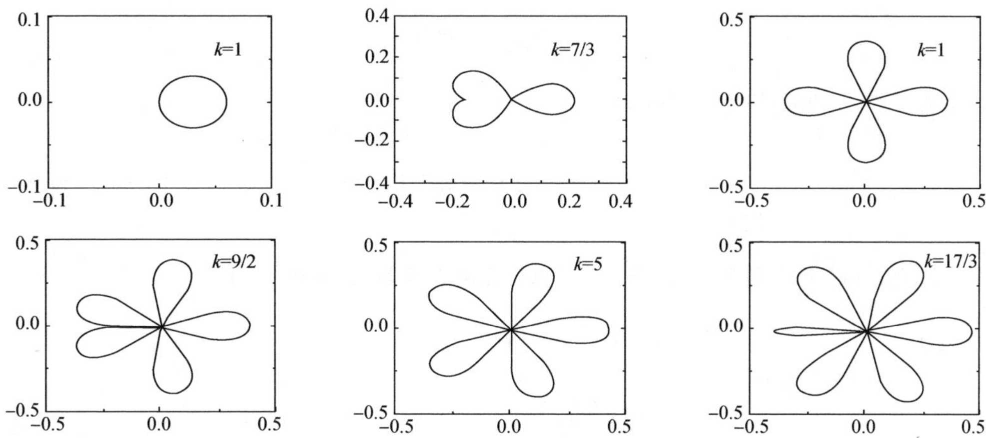

图 4.5　势指标参数 k = 1，7/3，4，9/2，5，17/3 的各种力学角动量的值的封闭经典周期轨道
图像选自 Xin J L, Liang. J. Q, Sci China-Phys Mech Astron. 57(8), 2014：1504-1510

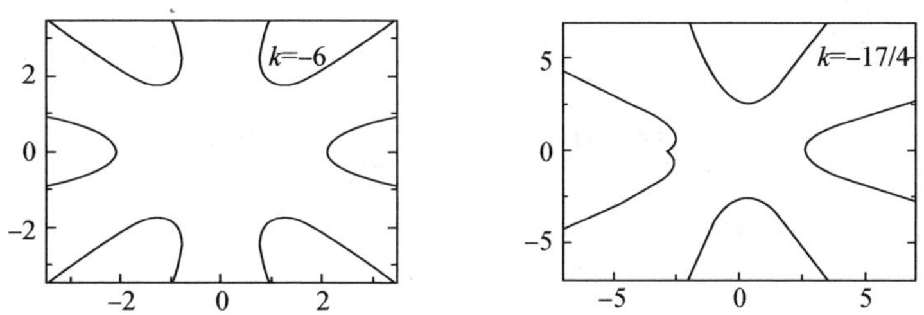

图 4.6　势指标参数 k = - 6，- 17/4 的各种力学角动量值的开放经典周期轨道
图像选自 Xin J L, Liang. J. Q. Sci China-Phys Mech Astron. 57(8), 2014：1504-1510

4.5.4　赝非阿贝尔规范场

量子化后，所有的正则变量变为算符且满足相应的对易关系，哈密顿方程(4.76)中的规范场量也变成了一个场算符 $\mathbf{A} = \mathbf{S} \times \mathbf{E}$，且

$$\mathbf{S} = \hbar \frac{\boldsymbol{\sigma}}{2} \tag{4.87}$$

对于自旋为 1/2 的粒子，规范场 **A** 为矩阵矢势场，接下来，我们证明规范场 **A** 为赝非阿贝尔规范场。

下面使用协变微商表示哈密顿算符

$$\hat{H} = -\frac{\hbar^2}{2M}\sum_{i=x,\ y,\ z} D_i^2 + V(\mathbf{r}) \tag{4.88}$$

协变微商定义为

$$D_i = \frac{\partial}{\partial x_i} - i\beta A_i$$

其中 $\beta = \frac{\mu}{2c}$，非阿贝尔规范场为

$$A_i = \sum_{j,\ k=x,\ y,\ z} \varepsilon_{ijk}\sigma_j E_k \tag{4.89}$$

ε_{ijk} 是 Levi-Civita 张量。

因此，对于柱对称的电场，非阿贝尔规范场具体可表示为

$$\begin{aligned} A_x &= -\frac{\eta\sin\varphi}{r}\sigma_z, \\ A_y &= \frac{\eta\cos\varphi}{r}\sigma_z, \\ A_z &= \frac{\eta}{r}(\sin\varphi\sigma_x + \cos\varphi\sigma_y) \end{aligned} \tag{4.90}$$

其中 $r = \sqrt{x^2 + y^2}$，$x = r\cos\varphi$，$y = r\sin\varphi$

对于非阿贝尔规范场的等效“磁场”可表示成一个反对称张量

$$F_{i,\ j} = \frac{i}{\beta}[D_i,\ D_j] = \left(\frac{\partial A_j}{\partial x_i} - \frac{\partial A_i}{\partial x_j}\right) - i\beta[A_i,\ A_j] \tag{4.91}$$

i，$j = 1$，2，3，计算结果是

$$\begin{aligned} B_z &= 0, \\ B_y &= \frac{\eta}{r^2}\{(1-\beta\eta)\sin2\varphi\sigma_x + [(1-\beta\eta)\cos2\varphi + \beta\eta]\sigma_y\}, \\ B_x &= \frac{\eta}{r^2}\{[(1-\beta\eta)\cos2\varphi - \beta\eta]\sigma_x - (1-\beta\eta)\sin2\varphi\sigma_y\} \end{aligned} \tag{4.92}$$

接下来，定义规范变换的幺正算符

$$U = e^{i\beta\sum f_i\sigma_i} \tag{4.93}$$

f 是空间坐标函数。在规范变换下，协变微商算符变换为

$$D'_i = UD_iU^+ = \frac{\partial}{\partial x_i} - i\beta A'_i$$

规范场变为

$$A'_i = UA_iU^+ - \frac{i}{\beta}\left(\frac{\partial U}{\partial x_i}\right)U^+$$

自旋波函数变为

$$\psi' = U\psi \tag{4.94}$$

因此，规范变换下，定态薛定谔方程是规范不变的。

非阿贝尔规范场的概念，是由 Wliczek 和 Zee 在量子力学中首次引进的，此后引起了广泛关注。为了与之区别，这里的规范场定义为赝非阿贝尔规范场。另外，自旋轨道耦合和非阿贝尔规范场在超冷原子和光学领域已经变成了一个非常活跃的研究课题。规范场方法能帮助我们更好地理解原子，分子和光学物理中一些量子现象的本质。

4.5.5 二维波函数，分数角动量和量子—经典对应

在极坐标系中，零能态下稳态的薛定谔方程为

$$-\frac{\hbar^2}{2M}\left\{\frac{\partial^2}{\partial r^2}+\frac{1}{r}\frac{\partial}{\partial r}+\frac{1}{r^2}\left[\frac{\partial}{\partial\varphi}-\frac{i}{2}q\,\sigma_z\right]^2\right\}\Psi+V(r)\Psi=0 \tag{4.95}$$

将波函数分离变量 $\Psi=R(r)Y_{j,\chi}(\varphi)$ ，方程(4.95)变为

$$\left(\frac{\partial^2}{\partial r^2}+\frac{1}{r}\frac{\partial}{\partial r}-\frac{j^2}{r^2}\right)R_j(r)+\frac{2M}{\hbar^2}\frac{\gamma_\upsilon}{r^{2k+2}}R_j(r)=0 \tag{4.96}$$

$$\left(\frac{\partial}{\partial\varphi}-\frac{i}{2}q\hat{\sigma}_z\right)^2 Y_{j,\chi}(\varphi)=-j^2Y_{j,\chi}(\varphi) \tag{4.97}$$

χ 是自旋指数，j 是轨道角动量的本征值。所以，包含非阿贝尔拓扑相的角波函数为

$$Y_{j,\chi}(\varphi)=Y_j(\varphi)\,\mathrm{e}^{i(q\hat{\sigma}_z/2)\varphi}\,|\chi\rangle \tag{4.98}$$

其中 $Y_j(\varphi)=C_j\mathrm{e}^{ij\varphi}$，$C_j=\sqrt{|k|/2\pi}$ 是归一化系数，$|\chi\rangle$ 表示自旋态。现在，我们研究波函数的几率密度云、自旋算符的期待值分别与经典轨道和经典自旋进动相一致。由第三章可知，量子—经典对应导致了一个特殊的边界条件，即角波函数的旋转周期不一定是 2π，而是与经典轨道满足相同的旋转对称性，即 $Y_j(\varphi)=Y_j(\varphi+2\pi/|k|)$ 。因此，正则角动量的本征值也不再是整数，而是与 ν 有关的数

$$j=\nu|k|,$$

这里 ν 是一个非零整数。引入无量纲半径 $z=\tilde{a}_q/r$，参数 $\tilde{a}_q$ 具有长度量纲，径向方程(4.96)可写为

$$\left[z^2\frac{\mathrm{d}^2}{\mathrm{d}z^2}+z\frac{\mathrm{d}}{\mathrm{d}z}+B^2z^{2k}-j^2\right]\Theta_j(z)=0, \tag{4.99}$$

这里 $B^2=2M\gamma_\upsilon/\hbar^2\,\tilde{a}_q^{2k}$ ，令 $\xi=z^k$，$y=B\xi/k$ ，方程(4.99)又可表示为

$$\left\{y^2\frac{\mathrm{d}^2}{\mathrm{d}y^2}+y\frac{\mathrm{d}}{\mathrm{d}y}+[y^2-\nu^2]\right\}\Theta_j(y)=0 \tag{4.100}$$

方程(4.100)是贝塞尔方程[60]，ν 是整数，所以它的解是第一类 ν 阶贝塞尔函数

$J_\nu(y)$ ，$\Theta_j(y)=N_jJ_\nu(y)$ ，所以径向波函数为

$$R_j(r)=N_jJ_\nu\left(\frac{1}{|k|r^k}\right)$$

N_j 是归一化系数，通过$\int_0^\infty R_j^2(r)\,r\mathrm{d}r=1$，我们可求出归一化系数

$$N_j=2\sqrt{\pi}\ \ |k|^{2/k+1}\frac{\Gamma\left(\frac{1}{k}+1\right)\Gamma\left(\frac{1}{k}+\nu+1\right)}{\Gamma\left(\frac{1}{k}+\frac{1}{2}\right)\Gamma\left(\nu-\frac{1}{k}\right)} \tag{4.101}$$

令$B\,\tilde{a}_q^k=1$。为了与经典轨道对应，我们构造 SU(2) 自旋相干态

$$\Psi_n=\frac{1}{2^{n/2}}\sum_{\nu=0}^{n}\binom{n}{\nu}^{1/2}R_j(r)\,Y_{j,\chi}(\varphi) \tag{4.102}$$

其中Ψ_n是归一化的，即$\int_{-\pi/|k|}^{\pi/|k|}\Psi_n^+\Psi_n r\mathrm{d}r\mathrm{d}\varphi=1$。$\Psi_n^+\Psi_n$的几率密度云分布如图 4.7 和图 4.8。从图可知，如果Ψ_n选择与$|\psi\rangle_n$相同的参数，则波函数的几率云分布与经典轨道图 4.5 和图 4.6 一致，满足量子—经典对应。因此，如果角动量的本征值$j=\nu|k|$是一分数，则轨道角动量就是分数角动量。

除此之外，自旋也满足量子—经典对应。使用海森伯方程，我们计算出自旋算符在宏观量子态(4.102)上的期待值

$$\begin{aligned}&\langle\dot{\sigma}_x\rangle=q\dot{\varphi}\langle\sigma_y\rangle,\\&\langle\dot{\sigma}_y\rangle=-q\dot{\varphi}\langle\sigma_x\rangle,\\&\langle\dot{\sigma}_z\rangle=0.\end{aligned} \tag{4.103}$$

这里

$$\langle\sigma_i\rangle=\langle\chi|\sigma_i|\chi\rangle\ ,$$

角速度

$$\dot{\varphi}=\left\langle\psi_n\left|\frac{\hat{L}_z^K}{Mr^2}\right|\psi_n\right\rangle,$$

$\psi_n=\frac{1}{2^{n/2}}\sum_{\nu=0}^{n}\binom{n}{\nu}^{1/2}R_j(r)\,Y_j(\varphi)$ 是宏观轨道波函数，$\hat{L}_z^K$是轨道角动量算符。比较方程(4.79)和方程(4.103)，我们发现自旋算符在宏观量子态上的期待值与经典自旋运动完全相同。

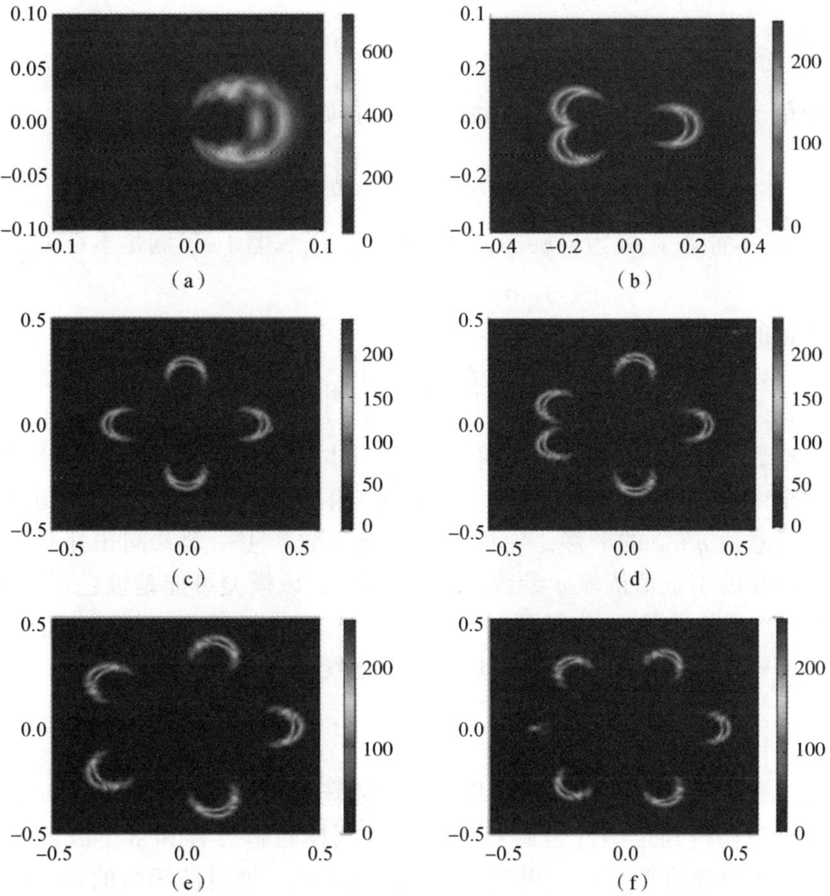

图 4.7　参数与图 4.5 经典轨道一致的波函数几率密度分布

图像选自 Xin J L, Liang. J. Q. Sci China-Phys Mech Astron. 57(8), 2014：1504-1510

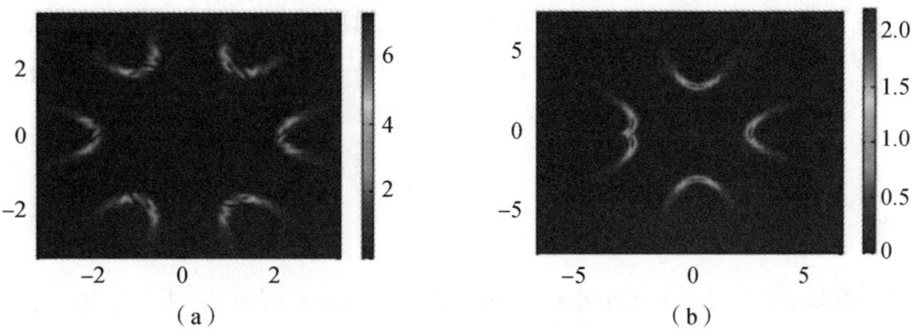

图 4.8　参数与图 4.6 经典轨道一致的波函数几率密度分布

图像选自 Xin J L, Liang. J. Q. Sci China-Phys Mech Astron. 57(8), 2014：1504-1510

4.5.6 非阿贝尔任意子

力学角动量算符为 $\hat{L}_z^K = -i\hbar\partial/\partial\varphi$ ，所以正则角动量算符表示为

$$\hat{L}_z^C = -i\hbar\frac{\partial}{\partial\varphi} + \frac{1}{2}q\hbar\hat{\sigma}_z \tag{4.104}$$

若选择 $\hat{\sigma}_z$ 的本征态 $|\pm\rangle$ 为自旋态，即 $|\chi\rangle = |\pm\rangle$ ，且 $|\pm\rangle$ 满足本征方程

$$\hat{\sigma}_z|\pm\rangle = \pm|\pm\rangle,$$

则总角动量的本征谱为

$$\Lambda = \left(\nu|k| \pm \frac{1}{2}q\right)\hbar \tag{4.105}$$

其中 q 是整数。从 $j=\nu|k|$， 可以看出角动量本征值谱的谱间距为 $|k|$ ，是一分数，这完全由量子—经典对应确定。自旋轨道耦合的规范势仅使正则角动量的本征值发生任意值 $q\hbar/2$ 的平移，导致了所有波函数产生一个共同拓扑相因子。因此，总角动量的本征值依赖 q 参数，q 的值不同，该模型可能是玻色子或费米子，q 为奇数时，是费米子，q 为偶数时，是玻色子。q 为任意非整数时，非阿贝尔任意子自然而然地出现，且遵从非阿贝尔任意子统计性质。

本章小结

总之，在中心势场中，研究了均匀变化磁场和轴对称电场两种情况下的自旋轨道耦合，我们得到了中性自旋粒子的经典周期轨道方程和量子波函数的解析解。通过引入经典自旋变量，得到了自旋运动方程。通过波函数的相干叠加，构造 SU(2) 自旋相干态，得到宏观波函数几率密度的空间分布与经典轨道完全对应。同时，根据量子—经典对应原理，得到自旋算符在宏观态上的期待值与经典自旋运动方程完全相同，也是绕着 z 轴，产生一自旋进动。在量子—经典对应过程中，考虑波函数的边界条件，分数角动量自然而然地产生。除此之外，轴对称电场中的自旋轨道耦合模型，还清晰地展示了一赝非阿贝尔规范场和任意子的特性。

参考文献

[1] A. J. Makowski, K. J. Górska. Unusual properties of some E = 0 localized states and quantum-classical correspondence[J]. Phys. Lett. A, 2007, 362: 26-30.

[2] A. J. Makowski. Quantum-classical correspondence for motion on a plane with deficit angle. Ann[J]. Phys, 2010, 325: 1622.

[3] J. Daboul and M. M. Nieto. Quantum bound states with zero binding energy[J]. Phys. Lett. A, 1994, 190: 357.

[4] R. Brunner, R. Meisels, F. Kuchar, R. Akis, D. K. Ferry and J. P. Bird. Draining of the sea of chaos: role of resonant transmission and reflection in an array of billiards[J]. Phys Rev Lett, 2007, 98: 204101.

[5] C. Bracher, J. B. Delos. Motion of an electron from a point source in parallel electric and magnetic fields[J]. Phys Rev Lett, 2006, 96: 100404.

[6] M. Brack. The physics of simple metal clusters: self-consistent jellium model and-semiclassical approaches[J]. Rev. Mod Phys, 1993, 65: 677-732.

[7] W. A. De. Heer. The physics of simple metal clusters: experimental aspects and simple models[J]. Rev. Mod Phys, 1993, 65: 611-676.

[8] R. Narevich, R. E. Prange, and O. Zaitsev. Square billiard with a magnetic flux [J]. Phys. Rev. E, 2000, 62: 2046.

[9] H. R. Sadeghpour, J. L. Bohn, M. J. Cavagnero, et al. Collisions near threshold in atomic and molecular physics[J]. J Phys B: At Mol Opt Phys, 2000, 33: R93-R140.

[10] A. D. Peters, C. Jaffe, and J. B. Delos, Quantum manifestations of bifurcations of classical orbits: an exactly solvable model[J]. Phys. Rev. Lett., 1994, 73: 2825-2828.

[11] C. Bracher and J. B. Delos. Motion of an electron from a point source in parallel electric and magnetic fields[J]. Phys. Rev. Lett., 2006, 96: 100404.

[12] H. Wang, X. T. Wang, P. L. Gould and W. C. Stwalley. Optical-optical double resonance photoassociative spectroscopy of ultracold 39K atoms near highly excited asymptotes[J]. Phys Rev Lett, 1997, 78: 4173-4176.

[13] H. Wang, X. T. Wang, P. L. Gould and W. C. Stwalley. Optical-optical double resonance photoassociative spectroscopy of ultracold 39K atoms near highly excited asymptotes[J]. Phys. Rev. Lett, 1997, 78: 4173.

[14] T. Kobayashi. Vortex lattices in quantum mechanics[J]. Physica A, 2002, 303: 469-480.

[15] W. M. Zhang, D. H. Feng and R. Gilmore. Coherent states: Theory and some applications[J]. Rev. Mod. Phys, 1990, 62: 867-927.

[16] J. R. Klauder and Bo. Sture. Skagerstam. Coherent states-applications in physics and mathematical physics[M]. Singapore: World Scientific, 1985.

[17] Kh. Kh Muminov and Y. Yousefi. Coherent states in real parameterization up to

SU(5) and classical dynamics of spin systems[J]. arXiv: 1103. 6080 [math-ph].

[18] W. H. Zurek, S. Habib, J. P. Paz. Coherent states via decoherence[J]. Phys Rev Lett, 1993, 70: 1187-1190.

[19] 曾谨言. 量子力学[M]. 3 版. 北京: 科学出版社, 2001.

[20] S. Murakami, N. Nagaosa, S. C. Zhang, et al. Dissipationless quantum spin current at room temperature[J]. Science, 2003, 301: 1348-1351.

[21] J. Sinova, D. Culcer, Q. Niu, et al. Universal intrinsic spin Hall effect[J]. Phys Rev Lett, 2004, 92: 126603.

[22] Y. K. Kato, R. C. Myers, A. C. Gossard, et al. Observation of the spin Hall Effect in semiconductors[J]. Science, 2004, 306: 1910-1913.

[23] J. Wunderlich, B. Kaestner, J. Sinova, et al. Experimental observation of the spin-Hall effect in a two-dimensional spin-orbit coupled semiconductor system[J]. Phys Rev Lett, 2005, 94: 047204.

[24] C. L. Kane and E. J. Mele. Z_2 topological order and the quantum spin Hall effect [J]. Phys. Rev. Lett., 2005, 95: 14680.

[25] B. A. Bernevig, T. L. Hughes and S. -C. zhang. Quantum spin Hall effect and topological phase transition in HgTe quantum wells [J]. Science, 2006, 314: 1757-1761.

[26] D. Hsieh, D. Qian, L. Wray, Y. Xia, Y. S. Hor, R. J. Cava, M. Z. Hasan. A topological Dirac insulator in a quantum spin Hall phase[J]. Nature, 2008, 452: 970-974.

[27] A. M. Abiague and J. Fabian. Anisotropic tunneling magnetoresistance and tunneling anisotropic magnetoresistance: Spin-orbit coupling in magnetic tunnel junctions[J]. Phys Rev B, 2009, 79: 155303.

[28] A. Jacob, G. P. Ohberg, Juzeliunas, et al. Cold atom dynamics in non-Abelian gauge fields[J]. Appl Phys B, 2007, 89: 439-445.

[29] F. Wilczek and A. Zee. Appearance of gauge structure in simple dynamical systems[J]. Phys. Rev. Lett., 1984, 52: 2111-2114.

[30] R. Dum and M. Olshanii. Gauge structures in atom-laser interaction: Bloch oscillations in a dark lattice[J]. Phys. Rev. Lett, 1996, 76: 1788-1791.

[31] Y. J. Lin, R. L. Compton, A. R. Perry, et al. Bose-Einstein condensate in a uniform light-induced vector potential[J]. Phys Rev Lett, 2009, 102: 130401.

[32] J. Larson and S. Levin Effective Abelian and non-Abelian gauge potentials in cavi-

ty QED[J]. Phys. Rev. Lett, 2009, 103: 013602.

[33] A. P. Balachandran, G. Marmo, B. S. Skagerstam, et al. Gauge symmetries and fibre bundels[M]. Berlin: Springer Verlag, 1983.

[34] Y. Aharonov and A. Casher. Topological quantum effects for neutral particles[J]. Phys Rev Lett, 1984, 53: 319-321.

[35] J. -Q. Liang and X. X. Ding. Dynamics of a neutron in electromagnetic fields and quantum phase interference[J]. Phys. Lett A, 1993, 176: 165-172.

[36] J. -Q. Liang, G. Marmo, A. Simoni, et al. Dynamics in two-dimensional space for a neutron in electromagnetic fields [J]. Mod Phys Lett A, 1990, 5: 2361-2370.

[37] 丁秀香，梁九卿. 电磁场中的电中性自旋 1/2 粒子及中子干涉[J]. 中国科学 A, 24(5), 1994: 505-512.

[38] Cimmino. A., Opat. G. I., etc, Observation of the Topological Aharonov-Casher Phase Shift by Neutron Interferometry[J]. Phys. Rev. Lett., 63(4), 1989: 380-383.

[39] 辛俊丽，杨悦玲. 中性自旋粒子在二维中心势和均匀磁场中的量子—经典对应[J]. 量子光学学报，2012，18: 246-250.

[40] Jun. Li. Xin and J. -Q. Liang. Exact solutions of a spin-orbit coupling model in two-dimensional central-potentials and quantum-classical correspondence[J]. Sci. China-Phys Mech Astron, 2014, 57: 1504-1510.

[41] 杨军，戴斌飞，李霞. 自旋轨道耦合效应及其应用研究[J]. 大学物理，30(8)，2011: 9-12.

[42] Rashba I, Spin-orbit coupling and spin transport[J]. Physica E, 2006, 34: 31.

[43] C Z Ye, Y H Nie, J. -Q. Liang. Rashba spin-orbit interaction induced spin-polarized Andreev-reflection current through a double Aharonov-Bohm interferometer [J]. Appl. J. Phys., 2008, 104: 053721.

[44] C Z Ye, R Xue, J. -Q. Liang. Dresselhaus spin-orbit coupling induced spin-polarization and resonance-split in n-well semiconductor superlattices [J]. Phys. Letts. A, 2009, 373: 1290-1293.

[45] Y. Aharonov, D. Bohm. Significance of Electromagnetic Potentials in the Quantum Theory[J]. Phys. Rev., 1959, 115: 485.

[46] Y. Aharonov and A. Casher. Topological quantum effects for neutral particles[J]. Phys Rev Lett, 1984, 53: 319-321.

[47] Cimmino. A., Opat. G. I., etc, Observation of the Topological Aharonov-Casher

Phase Shift by Neutron Interferometry[J]. Phys. Rev. Lett., 1989, 63: 380-383.
[48] Hagen. C. R., Comment on "Relativistic Aharonov-Bohm effect in the presence of planar Coulomb potentials"[J]. Phys. Rev. A, 2008, 77: 036101.
[49] Meir. Y., Gefen. Y., Entin-Wohlman. O., Universal effects of spin-orbit scattering in mesoscopic systems[J]. Phys. Rev. Lett., 63(7), 1989: 798-800.
[50] Mathur. H, Stone. A. D., Quantum transport and the electronic Ahavonov-Casher effect[J]. Phys. Rev. Lett., 68(19), 1992: 2964-2967.
[51] Balatsky. A. V., Altshuler. B. L. Persisten Spin and Mass Currents and Aharonov-Casher Effect[J]. Phys. Rev. Lett., 70(11), 1993: 1678-1681.
[52] Zhu Jian-Xin, Wang Z. D., The spontaneous Aharonov-Casher effect associated with partially spin-polarized states in one-dimensional mesoscopic rings[J]. J. Phys: Condens. Matter, 6, 1994: L329-L334.
[53] Zhu Jian-Xin, Wang Z. D., Supercurrent determined from the Aharonov-Bohm effect in mesoscopic superconducting rings[J]. Phys. Rev. B, 50(10), 1994: 7207-7210.
[54] Z. D. Wang, Jian-Xin Zhu, Spontaneous Aharonov-Casher effect of neutral hard-core bosons in one-dimensional mesoscopic rings[J]. Phys. Rev. B, 52(7), 1995: 5275-5278.
[55] X X Ding, J. -Q. Liang, Neutral spinning particles in electromagnetic field and neutron interference[J]. Science in China, 1994, A37: 1200.
[56] Balachandran A. P., Marmo G. et al., Gauge Symmetries and Fibre Bundles [M]. Berlin: Springer-Verlag, 1983.
[57] Z J Li, J. -Q. Liang, D H Kobe, Larmor precession and barrier tunneling time of a neutral spinning particle[J]. Phys. Rev. A, 2001, 64: 042112.
[58] Z J Li, J. -Q. Liang, D H Kobe, Larmor precession and tunneling time of a relativistic neutral spinning particle through an arbitrary potential barrier[J]. Phys. Rev. A. 65: 024101.
[59] J. -Q. Liang, X X Ding, Larmor precession and the barrier interaction time[J]. Acta Physica Sinica-Overseas, 1999, 8(6): 409-415.
[60] G. N. Watson. Theory of Bessel function [M]. Lodon: Cambrige University Press, 1952.

第五章　二维各向异性谐振子势场中的量子—经典对应

1926年，量子力学建立之初，薛定谔首次构造一维谐振子的相干态，并利用相干态发现波包中心随时间的演化与经典粒子的运动轨道完全对应，进而证明了量子—经典对应[1]。另外，相干态几率云的空间分布与经典轨道的一致性已在固体物理，核物理以及原子物理等不同领域得到了深入研究[2,3]。近年来，二维谐振子的量子—经典对应引起了人们极大关注，特别是台湾交通大学陈永福教授领导的研究小组，已从理论上证明拥有共同频率的二维各向异性谐振子波函数几率云的空间分布与经典轨道完全一致，同时这一结论在激光实验中也得以证实[4-7]。在本书的第三、四章，我们研究了带电粒子在二维中心势场中的运动，以及中性自旋1/2粒子在均匀变化磁场和轴对称电场中的运动，利用量子—经典对应和轨道旋转对称性，证明了角动量的任意量子化[8-11]和量子—经典轨道对应。在研究的过程中，还发现量子—经典对应在解释一些奇特的量子现象，例如原子核和金属集群的壳层效应等方面发挥着重要的作用[12,13]。事实上，量子—经典对应在探索量子和经典世界的本质方面，也给人们留下了极其深刻的印象[14-16]。

1984年，Berry首次提出，当一个量子系统的多重参数随时间绝热演化时，除产生通常的动力学相因子外，还附加了一个依赖参数空间路径的相因子，即使参数演化回到其初始值，附加的相因子也不为零，它仅仅取决于参数路径的几何特性，即Berry相[17]。后来，Simon提出Berry相是U(1)厄米丛，它是由Bott-Chern联络产生的反常和乐[18]。Aharonov和Annada在不考虑绝热近似的条件下，得到了系统周期演化后的几何相，人们称之为AA相因子[19]，Wliczek和Zee讨论简并态的几何相时，把U(1)厄米丛推广到U(N)的情况，并且指出参数空间的等效矢量是非阿贝尔规范场，首次在非相对论中提出了非阿贝尔规范场的概念[20]。近年来，在凝聚态物理和光学系统中，实现非阿贝尔规范场已引起了人们极大的研究兴趣。此外，几何相因子被广泛地应用于解释整数量子霍尔效应和反常霍尔效应[21]。因此，研究含时哈密顿量子态的时间演化和几何相位就变成了一个非常活跃而又重要的研究课题。很久以前，Lewis 和 Riesenfeld（RL）就开始使用厄米不变量的方法研究含时系统的动力学效应和量子化[22,23]。在 Berry 相提出后不久，Hannay 在研究可积系统时，发现可积系统中 Berry 相同样存在与其对应的经典量 Hannay 角，即经典系统在循环演化的过程中相应地也产生了一附加的角变量[24]。根据 Berry 理论，量子几何相和经典 Hannay 角从半经典理论层面分析，它们本质是相同的[25]。大连理工大学衣学喜教授和刘昊迪博士等人研究了量子—经典混合系统的 Berry 相和 Hannay 角，而且证明了它们之间存在的解析表达式关系[26-28]。在量子—经典轨道对应和 Berry 相与 Hannay 角对应关系的启发下，本章基于文献[29]和[30]通过 SU(1，1)周期驱动二维各向异性谐振子和二维旋转平移谐振子两个理论模型，从经典轨道与几率云空间分布和几何相位两方面重点研究量子—经典对应：在这两种模型中，我们解析地推导了它们的经典轨道方程和量子波函数，并通过自旋相干态变换，求出其非绝热的 Berry 相和 Hannay 角，同时利用 SU(2) 自旋相干态叠加，构造一与经典轨道相对应的宏观量子态，结果证明宏观量子波函数几率云的空间分布很好地局域于经典轨道上，非绝热 Berry 相与 Hannay 角满足 Berry 理论的对应关系。因此，轨道和几何相位同时对应，得以满足。

本章结构如下：在第一部分，介绍了量子谐振子；在第二部分，介绍了谐振子的量子 Berry 相和经典 Hannay 角；第三部分，通过广义规范变换研究了 SU(1，1)周期驱动二维各向异性谐振子的运动方程和稳定波函数，以及相应的 Hannay 角和 Berry 相。第四部分使用同样的方法研究了旋转平移谐振子几何相；第五部分，本章小结证明在两种模型中波函数的几率云的空间分布与经典轨道都完全一致，很好地局域于经典轨道上，同时 Berry 相与 Hannay 角在非绝热的条件下完全对应。

5.1　量子谐振子

在量子力学中，量子谐振子是经典谐振子的延伸，是存在简单解析解的量子系统。对于任意势场中平衡点附近的振动，都可以近似看作谐振子的振动，例如，分子的振动、晶格的振动、原子核表面振动以及辐射场的振动等，所以我们在选择合适的坐标之后，经常将任意势场中平衡点附近的振动分解为若干彼此独立的一维简谐振动。因此，谐振子的研究无论在理论上，还是在实际应用中，都有非常重要的研究意义，本部分内容参照了参考文献[31]，[32]。

5.1.1　一维谐振子

一个质量为 m 的粒子，在一维谐振子势场 $V=\frac{1}{2}mw^2x^2$ 中运动，此粒子的哈密顿算符可写为

$$H(x)=\frac{p^2}{2m}+\frac{1}{2}mw^2x^2 \tag{5.1}$$

这里的 x 表示位置算符，p 为动量算符，式(5.1)右边第一项表示谐振子的动能，第二项为谐振子的势能，这个模型描述的就是典型的一维谐振子问题。

在坐标表象中，一维定态谐振子的薛定谔方程可写为

$$H|\psi\rangle=E|\psi\rangle \tag{5.2}$$

其解很容易写出

$$\langle x|\psi_n\rangle=\sqrt{\frac{1}{2n!}}\left(\frac{mw}{\pi\hbar}\right)^{1/4}\exp\left(-\frac{mwx^2}{2\hbar}\right)H_n\left(\sqrt{\frac{mw}{\hbar}}x\right) \tag{5.3}$$

其中函数 H_n 为厄米多项式，式(5.2)相应地能量本征值为

$$E_n=\left(n+\frac{1}{2}\right)\hbar w \tag{5.4}$$

首先，式(5.4)表明谐振子的能量是量子化的，分离的，且每一个值都是 $\hbar w$ 的半整数倍，这也是一维谐振子系统量子化后的典型特征。其次，谐振子的基态能量(或称为零点能量)并不为零，而是 $\frac{1}{2}\hbar w$。最后，我们从基态概率密度的集中点变化分析粒子的运动，注意到基态的概率密度集中在原点，这表示粒子多数时间处于势场的底部，与粒子不带能量的状态一致。当能量增加时，概率密度变成集中在经典转向点，其状态能量为势能大小。在经典力学中，谐振子多数时间处于转向点，且在此处粒子运动速度最慢。因此，量子谐振子与经典谐振子描述一致，满足经典-量子对应。关于一维谐振子问题的描述，在许多的量子力学书中，都有详细的描述，这里只叙述与本书相关的内容。

另外，薛定谔在20世纪40年代提出了谐振子哈密顿量的因式分解法，即通过在因式分解中引进了升、降算符的概念，表示出了谐振子的本征态和能量本征值。为了简单起见，这里我们采用自然单位，即令 $\hbar=m=w=1$，将一维谐振子的哈密顿量(5.1)式无量纲化，则写为

$$H=\frac{1}{2}(x^2+p^2) \tag{5.5}$$

由(5.5)式可以看出，一维谐振子系统哈密顿量具有空间的旋转不变性。
接下来，引入升、降算符

$$\hat{a}=\frac{1}{\sqrt{2}}(\hat{x}+i\hat{p})\ ,\ \hat{a}^{+}=\frac{1}{\sqrt{2}}(\hat{x}-i\hat{p}) \tag{5.6}$$

利用位置算符 $\hat{x}$ 和动量算符 $\hat{p}$ 的对易关系，很容易证明 $\hat{a}$ 和 $\hat{a}^{+}$ 满足下列关系

$$[\hat{a},\ \hat{a}^{+}]=1 \tag{5.7}$$

同时，位置算符 $\hat{x}$ 和动量算符 $\hat{p}$ ，也可表示为升、降算符的线性组合形式：

$$\hat{x}=\frac{1}{\sqrt{2}}(\hat{a}^{+}+\hat{a})\quad \hat{p}=\frac{i}{\sqrt{2}}(\hat{a}^{+}-\hat{a}) \tag{5.8}$$

下面引入正定厄米算符 $\hat{N}=\hat{a}^{+}\hat{a}$ ，满足

$$\hat{N}|n\rangle=n|n\rangle \tag{5.9}$$

这里的 $|n\rangle$ 表示能量本征态，所以有

$$\hat{N}\hat{a}^{+}|n\rangle=(n+1)\hat{a}^{+}|n\rangle\quad \hat{N}\hat{a}|n\rangle=(n-1)\hat{a}|n\rangle \tag{5.10}$$

上式表明 $\hat{a}^{+}|n\rangle$ 和 $\hat{a}|n\rangle$ 也是厄米算符 $\hat{N}=\hat{a}^{+}\hat{a}$ 的本征态，且本征值分别为 $(n+1)$ 和 $(n-1)$ 。换句话说，算符 $\hat{a}^{+}$ 作用在能量本征态上，产生另一个能量为 $(E+\hbar w)$ 的本征态，而算符 $\hat{a}$ 作用在能量本征态上，则产生能量为 $(E-\hbar w)$ 的本征态。因此，算符 $\hat{a}^{+}$ 和 $\hat{a}$ 也称为升降算符，在有些量子力学书中又称阶梯算符。在量子场论中，算符 $\hat{a}^{+}$ 和 $\hat{a}$ 又称为产生和湮灭算符，即创造或消灭一个粒子。

此外，升、降算符 $\hat{a}^{+}$ 和 $\hat{a}$ 具有如下的性质

$$\hat{a}^{+}|n\rangle=\sqrt{n+1}\,|n+1\rangle\quad \hat{a}|n\rangle=\sqrt{n}\,|n-1\rangle \tag{5.11}$$

因此，我们可以从算符 $\hat{N}$ 的最小本征值相应的本征态开始，逐次运用升算符 $\hat{a}^{+}$ 运算，从而得出算符 $\hat{N}$ 的所有本征态和相应的本征值，最后根据归一化条件，得到算符 $\hat{N}$ 的归一化本征态，形式为

$$|n\rangle=\frac{1}{\sqrt{n}}(a^{+})^{n}|0\rangle \tag{5.12}$$

相应的能量本征值为

$$E_{n}=n+\frac{1}{2} \tag{5.13}$$

即一维谐振子的能量是量子化的，式(5.13)的结果与求解薛定谔方程，利用束缚态条件所得出的结果完全一致。

5.1.2 N 维谐振子

现将一维谐振子得到的本征值和本征态推广到 N 维空间。由上面的分析，我

们知道在一维空间，粒子的位置由单一坐标来定，由此可推出 N 维空间，其位置就应有 N 个坐标确定。换句话说，用 N 个位置坐标来表示，同样每个坐标也都有其相应的动量，这些算符之间满足正则对易关系，即

$$[\hat{x}_i,\ \hat{p}_j] = i\hbar\delta_{ij},\ [\hat{x}_i,\ \hat{x}_j] = 0,\ [\hat{p}_i,\ \hat{p}_j] = 0 \tag{5.14}$$

这里的指标参数 i，$j = 1$，2，…

系统的哈密顿算符可写为

$$H = \sum_i \left(\frac{p_i^2}{2m} + \frac{1}{2}mw^2 x_i^2\right) \tag{5.15}$$

从上面哈密顿量的形式上，可以看出 N 维谐振子能够形象地看作是由 N 个质量相同，弹性系数相同，独立的一维谐振子组成。因此，一个 N 维谐振子的能量本征函数可表示为 N 个一维谐振子能量本征函数的连乘：

$$\langle X \mid \psi_n \rangle = \prod_i \langle x_i \mid \psi_{n_i} \rangle \tag{5.16}$$

N 维谐振子的能量本征值可写为

$$E = \hbar w\left[(n_1 + n_2 + \cdots) + \frac{N}{2}\right] \tag{5.17}$$

其中，n_i 是能量本征态 $\mid \psi_{n_i}\rangle$ 的量子数。从式(5.17)可以看出，N 维谐振子的能量本征值是量子化的，形式类似于一维谐振子的本征值，且基态的能量是一维谐振子基态能量的 N 倍。不同之处在于，一维谐振子每个能量本征值对应于一个单独的量子态，或者说是非简并的，而 N 维的谐振子，除了基态能量外，其他能量本征值都对应于多个量子态，也就说是简并的。本书讲的二维谐振子是 N 维谐振子的特例，此理论完全适用。

5.2　谐振子的 Hannay 角和 Berry 相

哈密顿量显含时间的动力学系统随时间的演化，在物理学中得到了广泛应用，已成为近年来热门的研究课题之一。对于一个哈密顿量为 $\hat{H}[\hat{q},\ \hat{p},\ \mathbf{R}(t)]$ 的量子系统，除依赖坐标算符和动量算符 $(\hat{q},\ \hat{p})$ 之外，还依赖于另一含时参数 $\mathbf{R}(t)$，且经过一个周期之后，系统除了人们熟知的动力学相因子外，多了一个 Berry 相因子 $\gamma_n(C)$，相关的理论知识参阅本书第二章第四节

$$\gamma_n(C) = i\oint_C \langle n(\mathbf{R(t)}) \mid \nabla_R n(\mathbf{R(t)})\rangle \cdot \mathrm{d}\mathbf{R} \tag{5.18}$$

随后 Berry 证明了 $\gamma_n(C)$ 正比于参数空间原点处所张立体角的大小，进一步揭示了 Berry 相因子的几何本质，是参数空间上建立的厄米纤维丛和乐，即纤维丛曲面上曲率的积分。到目前为止，Berry 相的研究还在不断地朝各个方向发展，谐振子的几何相只是其中之一。本节我们主要介绍利用量子力学中的 Lewis-

Riesenfeld 不变量理论[22,23]，在不引入特殊初始条件的情况下，用算符方法严格求解广义含时谐振子的量子力学问题，并得到了绝热近似条件下的 Berry 相。对于广义含时谐振子，Hartley 和 Ray 所构造的相干态实际是一种压缩态，且利用此相干态求出了位置算符 $\hat{q}$ 的期待值，进而得出了相应的经典相角，此相角在绝热极限近似下仅有动力学相部分，而无几何相部分，即经典 Hannay 角为零，原因是参量空间是一维的[33]。在本书中，我们采用广义含时谐振子的精确解构造相干态，并且计算位置算符 $\hat{q}$ 的期待值，从而得到经典的相角。在绝热极限近似下，此经典相角不但包括了动力学部分，而且包括了非零的几何部分，即经典 Hannay 角。最后，通过仔细计算，我们给出了 Berry 相与 Hannay 角之间存在的对应关系，此关系与第二章中的对应关系完全一致。

5.2.1　广义含时谐振子的精确解和 Berry 相

考虑广义含时谐振子系统的哈密顿量为 $\hat{H}(t)=\frac{1}{2}[X\hat{q}^2+Y(\hat{q}\hat{p})+Z\hat{p}^2]$ [34]，若此系统存在一个含时厄米算符 $\hat{I}(t)$，且满足下列条件

$$\frac{1}{i\hbar}[\hat{I},\ \hat{H}]+\frac{\partial\hat{I}}{\partial t}=0 \tag{5.19}$$

式(5.19)表明厄米算符 $\hat{I}(t)$ 是一不变量，且不随时间变化。因此，很容易写出厄米算符 $\hat{I}(t)$ 的本征值方程

$$\begin{aligned}&\hat{I}(t)\mid\lambda_n,\ t\rangle=\lambda_n\mid\lambda_n,\ t\rangle\\&\frac{\partial\lambda_n}{\partial t}=0\end{aligned} \tag{5.20}$$

同时，含时系统的薛定谔方程可写为

$$i\hbar\frac{\partial}{\partial t}\mid\psi(t)\rangle_s=\hat{H}(t)\mid\psi(t)\rangle_s \tag{5.21}$$

根据 Lewis-Riesenfeld 理论，可求的方程(5.21)的一般解

$$\mid\psi(t)\rangle_s=\sum_n c_n e^{i\alpha_n(t)}\mid\lambda_n,\ t\rangle \tag{5.22}$$

其中

$$\alpha_n(t)=\int_0^t dt'\langle\lambda_n,\ t'\mid i\frac{\partial}{\partial t'}-\frac{1}{\hbar}\hat{H}(t')\mid\lambda_n,\ t'\rangle \tag{5.23}$$

对于含时系统，它的含时参数为 $\{X(t),\ Y(t),\ Z(t)\}=\mathbf{R}$，且满足 $XZ-Y^2>0$，写出其不变量为

$$\hat{I}(t)=\frac{1}{2}\left\{\frac{\hat{q}^2}{x^2}+\left[x\left(\hat{p}+\frac{Y}{Z}\hat{q}\right)-\frac{\dot{x}\hat{q}}{Z}\right]^2\right\} \tag{5.24}$$

其中 $x(t)$ 满足下面的辅助方程

$$\frac{1}{x}\frac{\mathrm{d}}{\mathrm{d}t}\left(\frac{Z}{}\right)-\left[\frac{\mathrm{d}}{\mathrm{d}t}\left(\frac{Y}{Z}\right)-\frac{XZ-Y^2}{Z}+\frac{Z}{x^4}\right]=0 \tag{5.25}$$

接着，分别引进两对升降算符

$$\begin{aligned}
\hat{a}(t)&=\sqrt{\frac{w_D}{2\hbar Z}}\left[\hat{q}+i\frac{Z}{w_D}\left(\hat{p}+\frac{Y}{Z}\hat{q}\right)\right],\\
\hat{a}^+(t)&=\sqrt{\frac{w_D}{2\hbar Z}}\left[\hat{q}-i\frac{Z}{w_D}\left(\hat{p}+\frac{Y}{Z}\hat{q}\right)\right],\\
\hat{b}(t)&=\sqrt{\frac{1}{2\hbar}}\left\{\frac{x}{}+i\left[x\left(\hat{p}+\frac{Y}{Z}\hat{q}\right)-\frac{\dot{x}\hat{q}}{Z}\right]\right\},\\
\hat{b}^+(t)&=\sqrt{\frac{1}{2\hbar}}\left\{\frac{x}{}+i\left[x\left(\hat{p}+\frac{Y}{Z}\hat{q}\right)-\frac{\dot{x}\hat{q}}{Z}\right]\right\}
\end{aligned} \tag{5.26}$$

其中 $w_D=(XZ-Y^2)^{1/2}$，利用对易关系 $[\hat{q},\ \hat{p}]=i\hbar$，上面的升降算符的对易关系为

$$[\hat{a},\ \hat{a}^+]=[\hat{b},\ \hat{b}^+]=1 \tag{5.27}$$

因此，含时系统的哈密顿量可以用升降算符表示为如下的形式

$$\hat{H}(t)=\hbar w_D\left(\hat{a}^+\hat{a}+\frac{1}{2}\right) \tag{5.28}$$

且

$$\begin{gathered}
\hat{H}(t)\mid n,\ t\rangle_a=\hbar w_D\left(n+\frac{1}{2}\right)\mid n,\ t\rangle_a\\
\hat{a}\mid n,\ t\rangle_a=\sqrt{n}\mid n-1,\ t\rangle_a;\ \hat{a}^+\mid n,\ t\rangle_a=\sqrt{n+1}\mid n+1,\ t\rangle_a
\end{gathered} \tag{5.29}$$

如果 w_D 是谐振子的频率，则式(5.28)与谐振子的哈密顿量形式一致，定义为广义含时谐振子。同时，不变量 $\hat{I}(t)$ 也可用升降算符表示为

$$\hat{I}(t)=\hbar\left(\hat{b}\hat{b}^++\frac{1}{2}\right) \tag{5.30}$$

且

$$\begin{gathered}
\hat{I}(t)\mid n,\ t\rangle_b=\hbar\left(n+\frac{1}{2}\right)\mid n,\ t\rangle_b\\
\hat{b}\mid n,\ t\rangle_b=\sqrt{n}\mid n-1,\ t\rangle_b;\ \hat{b}^+\mid n,\ t\rangle_b=\sqrt{n+1}\mid n+1,\ t\rangle_b
\end{gathered} \tag{5.31}$$

为了求出广义含时谐振子的精确解，首先利用升降算符求出方程(5.23)中的 $\alpha_n(t)$ ，利用方程(5.26)可得到

$$\hat{a}=\frac{1}{2}\left[\sqrt{\frac{w_D}{Z}}x(\hat{b}^{+}+\hat{b})-\sqrt{\frac{Z}{w_D}}\frac{(\hat{b}^{+}-\hat{b})}{x}+i\frac{\sqrt{Zw_D}}{}(\hat{b}^{+}+\hat{b})\right],$$
$$\hat{a}^{+}=\frac{1}{2}\left[\sqrt{\frac{w_D}{Z}}x(\hat{b}^{+}+\hat{b})+\sqrt{\frac{Z}{w_D}}\frac{(\hat{b}^{+}-\hat{b})}{x}-i\frac{\sqrt{Zw_D}}{}(\hat{b}^{+}+\hat{b})\right] \tag{5.32}$$

所以

$$\hat{a}^{+}a=\frac{1}{2}\left(\frac{w_D}{Z}x^2+\frac{Zw_D}{}+\frac{Z}{w_Dx^2}\right)\hat{b}\hat{b}^{+}+\frac{1}{4}\left(\frac{w_D}{Z}x^2+\frac{Zw_D}{}+\frac{Z}{w_Dx^2}-2\right)$$
$$+\frac{1}{4}\left(\frac{w_D}{Z}x^2+\frac{Zw_D}{}-\frac{Z}{w_Dx^2}+i\frac{2\dot{x}}{xw_D}\right)\hat{b}^{+}\hat{b} \tag{5.33}$$
$$+\frac{1}{4}\left(\frac{w_D}{Z}x^2+\frac{Zw_D}{}-\frac{Z}{w_Dx^2}-i\frac{2\dot{x}}{xw_D}\right)\hat{b}\hat{b}$$

且

$$\frac{\partial b^{+}}{\partial t}=\frac{1}{2}\left\{\begin{aligned}&\left[\frac{i}{Z}\dot{x}^2-\frac{2\dot{x}}{x}-ix^2\frac{\mathrm{d}}{\mathrm{d}t}\left(\frac{Y}{Z}\right)+ix\frac{\mathrm{d}}{\mathrm{d}t}\left(\frac{z}{}\right)\right]\hat{b}\\&-\left[\frac{i}{Z}\dot{x}^2-\frac{2\dot{x}}{x}+ix^2\frac{\mathrm{d}}{\mathrm{d}t}\left(\frac{Y}{Z}\right)-ix\frac{\mathrm{d}}{\mathrm{d}t}\left(\frac{z}{}\right)\right]\hat{b}^{+}\end{aligned}\right\} \tag{5.34}$$

利用方程(5.28)-(5.34)，得到

$$_b\langle n,\ t\mid\frac{\hbar}{}\mid n,\ t\rangle_b=w_{D\,b}\langle n,\ t\mid\left(\hat{a}^{+}\hat{a}+\frac{1}{2}\right)\mid n,\ t\rangle_b$$
$$=\frac{1}{4}(2n+1)\left(\frac{x^2}{Z}+\frac{\dot{x}^2}{2w_D}+\frac{Z}{w_Dx^2}\right)w_D \tag{5.35}$$

由方程(5.32)和(5.34)可知

$$_b\langle n,\ t\mid i\frac{\partial}{\partial t}\mid n,\ t\rangle_b={}_b\langle n-1,\ t\mid i\frac{\partial}{\partial t}\mid n-1,\ t\rangle_b+\frac{i}{\sqrt{n}}{}_b\langle n,\ t\mid i\frac{\partial\hat{b}^{+}}{\partial t}\mid n,\ t\rangle_b$$
$$={}_b\langle n-1,\ t\mid i\frac{\partial}{\partial t}\mid n-1,\ t\rangle_b+\frac{1}{2}\left[\frac{\dot{x}^2}{Z}+x^2\frac{\mathrm{d}}{\mathrm{d}t}\left(\frac{Y}{Z}\right)-x\frac{\mathrm{d}}{\mathrm{d}t}\left(\frac{Z}{}\right)\right]$$
$$={}_b\langle 0,\ t\mid i\frac{\partial}{\partial t}\mid 0,\ t\rangle_b+\frac{n}{2}\left[\frac{\dot{x}^2}{Z}+x^2\frac{\mathrm{d}}{\mathrm{d}t}\left(\frac{Y}{Z}\right)-x\frac{\mathrm{d}}{\mathrm{d}t}\left(\frac{Z}{}\right)\right] \tag{5.36}$$

在文献[22]的基础上，通常规定

$$ {}_b\langle 0,\ t \mid i\frac{\partial}{\partial t} \mid 0,\ t\rangle_b = \frac{1}{4}\left[\frac{Z}{} + x^2\frac{\mathrm{d}}{\mathrm{d}t}\left(\frac{Y}{Z}\right) - x\frac{\mathrm{d}}{\mathrm{d}t}\left(\frac{Z}{}\right)\right] \tag{5.37} $$

经过仔细计算推导，得到 $\alpha_n(t)$ 的精确解，即

$$ \alpha_n(t) = -\left(n+\frac{1}{2}\right)\int_0^t \frac{Z(t')}{x^2(t')}\mathrm{d}t' \tag{5.38} $$

显然，这里的 $x(t')$ 是辅助方程(5.25)的解。
最后，广义含时谐振子薛定谔方程的通解，表示为

$$ \mid \psi(t)\rangle_s = \sum_n c_n \mathrm{e}^{i\alpha_n(t)} \mid n,\ t\rangle_b \tag{5.39} $$

接下来，讨论绝热近似下的精确解。此处考虑 $\dot{x}$ 非常小，甚至 $\dot{x}$ 的微分可以忽略，因此辅助方程的解可写成

$$ \frac{Z}{x^2} = w_D\left[1 - Z\frac{\mathrm{d}}{\mathrm{d}t}\left(\frac{Y}{Z}\right)/w_D^2\right]^{1/2} \tag{5.40} $$

利用一般绝热极限条件

$$ Z\frac{\mathrm{d}}{\mathrm{d}t}\left(\frac{Y}{Z}\right)/w_D^2 \ll 1 \tag{5.41} $$

将方程(5.40)进行级数展开，且取前两项，得

$$ \frac{Z}{x^2} = w_D\left[1 - Z\frac{\mathrm{d}}{\mathrm{d}t}\left(\frac{Y}{Z}\right)/2w_D^2\right] \tag{5.42} $$

由于 $\dot{x}$ 是一小量，所以绝热极限条件能够很好地满足。从方程(5.33)，很容易得到

$$ \hat{a}^+\hat{a} \sim \hat{b}^+\hat{b} \tag{5.43} $$

或

$$ w_D\hat{I}(t) \sim \hat{H}(t) \tag{5.44} $$

由此看出，不变量 $\hat{I}(t)$ 的本征态可以近似地看作成哈密顿量 $\hat{H}(t)$ 的本征态。在一般绝热条件下，如果系统最初处于不变量 $\hat{I}(t)$ 的本征态，那么系统也相当于近似地处于哈密顿量 $\hat{H}(t)$ 的本征态。因此，在上述极限条件下，利用方程(5.38)和(5.42)可得到系统在参数空间循环绝热演化一周过程的总相位

$$ \begin{aligned} \alpha_n(T) &= -\left(n+\frac{1}{2}\right)\int_0^T w_D\mathrm{d}t - \left(n+\frac{1}{2}\right)\int_0^T\left[-\frac{Z}{2w_D}\frac{\mathrm{d}}{\mathrm{d}t}\left(\frac{Y}{Z}\right)\right]\mathrm{d}t \\ &= -\left(n+\frac{1}{2}\right)\int_0^T w_D\mathrm{d}t - \left(n+\frac{1}{2}\right)\oint_C\left[-\frac{Z}{2w_D}\nabla_R\left(\frac{Y}{Z}\right)\right]\cdot\mathrm{d}\mathbf{R} \end{aligned} \tag{5.45} $$

上式中的第一项是动力学项，第二项为 Berry 项

$$\gamma_n(C) = -\left(n+\frac{1}{2}\right)\oint_C\left[-\frac{Z}{2w_D}\nabla_R\left(\frac{Y}{Z}\right)\right]\cdot \mathrm{d}\mathbf{R} \tag{5.46}$$

总之，利用不变量本征方程求得广义含时谐振子系统的精确解，再取绝热近似极限得到了 Berry 相因子。另外，我们发现当绝热极限条件得到满足，但 $\dot{x}$ 不是小量时，如果系统最初处于不变量 $\hat{I}(t)$ 的本征态，则系统将一直停留于 $\hat{I}(t)$ 的本征态上。无论如何，在这种情况下，$\hat{I}(t)$ 的本征态就不能被近似地看作哈密顿量 $\hat{H}(t)$ 的本征态。因此，系统在参量空间绝热演化一周时，仍存在一相因子。此几何相将不再是 Berry 意义上的几何相，而是一种新的绝热相。

5.2.2 广义含时谐振子的相干态和 Hannay 角

本小节，通过使用上一节所得到含时系统的精确解，构造广义含时谐振子的相干态，形式为

$$|\zeta,\ t\rangle_s = \mathrm{e}^{-|\zeta|^2/2}\sum_{n=0}^{\infty}\frac{\zeta^n}{\sqrt{n!}}\mathrm{e}^{i\alpha_n(t)}\ |n,\ t\rangle_b \tag{5.47}$$

其中 $\zeta = u + iv$ 是一复常数，上式是 Hartley 和 Ray 定义的湮灭算符 $\hat{b}(t)$ 的本征态[33]。

通过计算波包运动，我们得到 $\hat{q}$ 的期待值

$$\begin{aligned}\langle\hat{q}\rangle &= {}_s\langle\zeta,\ t|\ \hat{q}\ |\zeta,\ t\rangle_s = {}_s\langle\zeta,\ t|\ x(\hat{b}+\hat{b}^+)\sqrt{\frac{\hbar}{2}}\ |\zeta,\ t\rangle_s \\ &= (2\hbar\ |\zeta|^2x^2)^{1/2}\sin\theta\end{aligned} \tag{5.48}$$

这里的 $\theta = -2\alpha_0(t)+\delta$，$\delta = \mathrm{tg}^{-1}u/v$，而且能够证明的 $\hat{q}$ 期待值满足广义谐振子的经典运动方程。

另外，在绝热极限下，Lewis's 相可表示为

$$-2\alpha_0(t) = \int_0^t w_D\mathrm{d}t' + \int_0^t\left[-\frac{Z}{2w_D}\frac{\mathrm{d}}{\mathrm{d}t'}\left(\frac{Y}{Z}\right)\right]\mathrm{d}t' \tag{5.49}$$

由此可推导出系统沿闭合路径 C 绝热演化一周的 Hannay 角为

$$\Delta\theta(C) = \int_0^T\left[-\frac{Z}{2w_D}\frac{\mathrm{d}}{\mathrm{d}t'}\left(\frac{Y}{Z}\right)\right]\mathrm{d}t' = \oint_C\left[-\frac{Z}{2w_D}\nabla_R\left(\frac{Y}{Z}\right)\right]\cdot\mathrm{d}\mathbf{R} \tag{5.50}$$

对比方程(5.46)和(5.50)，我们可得到广义含时谐振子的 Berry 相和 Hannay 角之间存在如下的对应关系

$$\Delta\theta(C) = -\frac{\partial}{\partial n}\gamma_n(C) \tag{5.51}$$

方程(5.51)给出的量子几何相与经典几何相关系与前面章节 Berry 得到的对应关系完全一致。

5.2.3　构造不变量求解 SU(1，1)含时系统的 Berry 相

在讨论广义含时谐振子 Berry 相的基础上，本节着重研究哈密顿算符是 SU(1，1)算子线性组合且系数显含时间的量子系统时间演化。哈密顿量显含时间的系统在量子光学中也有重要的应用，简并参数量子放大器就是众所周知的例子。由于哈密顿量显含时间，所以它既不是一个守恒量也非物理观测量。因此，通过以它的瞬时本征态为基矢求解含时薛定谔方程，往往得不到其精确解。本节在文献[35]和[36]的基础上，利用 LR 不变量理论，寻找一个厄米不变量并以其本征态为基矢求解含时系统的封闭形式解，得到精确的量子态时间演化。在量子光学和其他一些理论中，我们有时希望知道量子态的时间演化幺正算符或物理量算符随时间的演化。在这种情况下，使用 LR 定义的不变量并不是最简便的。因此，对于含时量子系统寻找合适的不变量成为求解的关键。这里通过引入一个新的厄米不变量，且发现哈密顿算符是 SU(1，1)代数算子线性组合系统，是显含时间的量子系统，通过使用厄米不变量统一求解，可以得到非常简单的量子态时间演化算符。作为应用例子，下面我们讨论 SU(1，1)含时谐振子系统的 Berry 相。

SU(1，1)含时谐振子系统哈密顿算符有如下的形式：

$$\hat{H}(t) = w(t)\hat{K}_0 + G(t)\left[\hat{K}_+ e^{i\varphi(t)} + \hat{K}_- e^{-i\varphi(t)}\right] \tag{5.52}$$

其中 $w(t)$ ，$G(t)$ 和 $\varphi(t)$ 是任意的时间函数，$\hat{K}_0$ 是厄米算符，且 $\hat{K}_+ = (\hat{K}_-)^+$，它们满足以下对易关系

$$[\hat{K}_+,\ \hat{K}_-] = -2\hat{K}_0 \tag{5.53}$$

在上式中 $\hat{K}_0$ 和 $\hat{K}_\pm$ 是构成 SU(1，1)的李代数。

量子态的时间演化遵从含时薛定谔方程

$$i\frac{\partial}{\partial t}|\psi(t)\rangle_s = \hat{H}(t)|\psi(t)\rangle_s \tag{5.54}$$

这里采用自然单位取 $\hbar = c = 1$。假定存在一个厄米不变量 $\hat{I}(t)$ ，它满足下面不变条件

$$i\frac{\partial}{\partial t}\hat{I}(t) + [\hat{I}(t),\ \hat{H}(t)] = 0 \tag{5.55}$$

通过上面内容的介绍，我们知道求解含时薛定谔方程的关键是用厄米算符的幺正变换 $\hat{K}_0$ 来构造这一个不变量，即引入

$$\hat{I}(t) = \hat{R}(t)\hat{K}_0\hat{R}^+(t)$$

$$\hat{R}(t) = \exp\left[\frac{1}{2}r(t)\left(\hat{K}_+ e^{-i\beta(t)} - \hat{K}_- e^{i\beta(t)}\right)\right] \tag{5.56}$$

其中 r 和 β 是实含时参量，利用标准的算子公式：

$$e^{\eta\hat{A}}\hat{B}e^{-\eta\hat{A}} = \hat{B} + \eta[\hat{A}, \hat{B}] + \frac{1}{2!}\eta^2[\hat{A}, [\hat{A}, \hat{B}]] + \cdots \tag{5.57}$$

以及 $\hat{K}_0$ 和 $\hat{K}_\pm$ 的对易关系式(5.53)，很容易求得不变量算符

$$\hat{I}(t) = \hat{K}_0\cos\frac{\lambda}{2}r - \frac{1}{\lambda}\left(\hat{K}_+ e^{-i\beta} + \hat{K}_- e^{i\beta}\right) \tag{5.58}$$

其中 $\lambda = (-4)^{1/2}$。并将此式代入方程(5.55)后，经直接简单运算之后可知，如果 r 和 β 满足下列的辅助方程

$$\begin{aligned} &\dot{r} = 2G\sin(\varphi + \beta) \\ &\frac{1}{\lambda}(\dot{\beta} - w)\sin\frac{\lambda}{2}r = G\cos\frac{\lambda}{2}\cos(\varphi + \beta) \end{aligned} \tag{5.59}$$

则不变量算符 $\hat{I}(t)$ 就一定满足方程(5.55)。利用算子公式(5.57)可得到下面的关系式

$$\hat{R}^+(t)\hat{K}_0\hat{R}(t) = \hat{K}_0\cos\frac{\lambda}{2}r + \frac{1}{\lambda}\left(\hat{K}_+ e^{-i\beta} + \hat{K}_- e^{i\beta}\right)\sin\frac{\lambda}{2}r \tag{5.60}$$

$$\hat{R}^+(t)\hat{K}_+\hat{R}(t) = \hat{K}_+\cos^2\frac{\lambda}{4}r - \hat{K}_- e^{2i\beta}\sin^2\frac{\lambda}{4}r + \frac{2}{\lambda}\hat{K}_0 e^{i\beta}\sin\frac{\lambda}{2}r \tag{5.61}$$

$$\hat{R}^+(t)\hat{K}_-\hat{R}(t) = \hat{K}_-\cos^2\frac{\lambda}{4}r - \hat{K}_+ e^{-2i\beta}\sin^2\frac{\lambda}{4}r + \frac{2}{\lambda}\hat{K}_0 e^{-i\beta}\sin\frac{\lambda}{2}r \tag{5.62}$$

$$\begin{aligned} \hat{R}^+(t)\left[i\frac{\partial}{\partial t}\hat{R}^+(t)\right] =& -2\hat{K}_0\dot{\beta}\sin^2\frac{\lambda}{4}r + \hat{K}_+ e^{-i\beta}\left(i\frac{2}{} + \frac{\lambda}{}\sin\frac{\lambda}{2}r\right) \\ &+ \hat{K}_- e^{i\beta}\left(-i\frac{2}{} + \frac{\lambda}{}\sin\frac{\lambda}{2}r\right) \end{aligned} \tag{5.63}$$

设 $|n\rangle$ 为厄米算符 $\hat{K}_0$ 的本征态，则

$$\hat{K}_0|n\rangle = K_n|n\rangle \tag{5.64}$$

显然，$\hat{K}_0$ 不显含时间。所以，厄米算符 $\hat{I}(t)$ 的本征态为

$$\hat{I}(t)|n, t\rangle = K_n|n, t\rangle, \quad |n, t\rangle = \hat{R}(t)|n\rangle \tag{5.65}$$

根据 LR 不变量理论，类似于方程(5.39)，可用厄米算符 $\hat{I}(t)$ 的本征态表示含时薛定谔方程的通解，即

$$|\psi(t)\rangle_s = c_n e^{i\alpha_n(t)} \ |n, t\rangle = c_n e^{i\alpha_n(t)} \hat{R}(t)|n\rangle \tag{5.66}$$

其中

$$\begin{aligned}\alpha_n(t) &= \int_0^t dt'\langle n, t'|\, i\frac{\partial}{\partial t'} - \hat{H}(t')\,|n, t'\rangle \\ &\int_0^t dt'\langle n|\left[\hat{R}^+(t')\left(i\frac{\partial}{\partial t'}\hat{R}(t')\right) - \hat{R}^+(t')\hat{H}(t')\hat{R}(t')\right]|n\rangle\end{aligned} \tag{5.67}$$

利用(5.60)-(5.63)，可得

$$\begin{aligned}\alpha_n(t) &= -\int_0^t dt'\langle n|\,[w(t') - 2\Omega(t')]\,|n\rangle \\ &= -\int_0^t dt'\,[w(t') - 2\Omega(t')]\,K_n\end{aligned} \tag{5.68}$$

其中

$$\Omega(t) = (\dot{\beta} - w)\frac{4}{\lambda^2}\sin\frac{\lambda}{4}r - \frac{2}{\lambda}G\sin\frac{\lambda}{2}r\cos(\varphi + \beta) \tag{5.69}$$

所以，Berry 相位很容易从通解(5.66)和(5.67)中得到。因此，取绝热近似，略去辅助方程(5.59)中含时间导数 $\dot{r}$ 和 $\dot{\beta}$ 的项，得到

$$\beta(t) \approx -\varphi(t)\ ,\ \frac{1}{\lambda}w(t)\sin\frac{\lambda}{2}r + G(t)\cos\frac{\lambda}{2}r \approx 0 \tag{5.70}$$

使用方程(5.60)-(5.63)，不难得到绝热条件下，

$$\hat{R}^+(t)\hat{H}(t)\hat{R}(t) \approx (w(t) - 2\Omega_0)\hat{K}_0 \tag{5.71}$$

$$\Omega_0 = -\frac{4}{\lambda^2}w\sin^2\frac{\lambda}{4}r - \frac{2}{\lambda}G\sin\frac{\lambda}{2}r \tag{5.72}$$

由(5.65)式可知，$\hat{R}(t)|n\rangle$ 成为了哈密顿量 $\hat{H}(t)$ 的瞬时本征态。相因子(5.67)式中第二项是动力学因子相，第一项则为 Berry 相，记为 γ_n。使用方程(5.63)和(5.53)的对易关系式，可得

$$\begin{aligned}\gamma_n(t) &= -\int_0^t K_n\frac{-8}{\lambda^2}\sin^2\frac{\lambda}{4}r\,d\beta \\ &= \frac{8}{\lambda^2}K_n\int_0^t\left[-\sin^2\frac{\lambda}{4}r\right]d\varphi\end{aligned} \tag{5.73}$$

其中，上式第二步的等式使用了绝热条件(5.70)。下面我们以 § 5.2.1 节中的广义含时谐振子为例，说明由(5.73)式与其他方法得到的 Berry 相是一致的。$\hat{K}_0$ 和 $\hat{K}_\pm$ 组成 SU(1，1)李代数，若用下面的定义

$$\hat{K}_0 = \frac{1}{2}\left(\hat{a}^+\hat{a} + \frac{1}{2}\right),\ \hat{K}_+ = \hat{a}^{+2}/2,\ \hat{K}_- = \hat{a}^2/2 \tag{5.74}$$

其中 $\hat{a}^+$ 和 $\hat{a}$ 是通常玻色子的产生和湮灭算符，则(5.52)式变为了常见的广义含时谐振子的哈密顿算符形式。把 $\lambda = \pm 2i$ 和 $K_n = \frac{1}{2}\left(n + \frac{1}{2}\right)$ 代入(5.73)式，可得

$$\begin{aligned}\gamma_n &= \left(n + \frac{1}{2}\right)\oint_C \sinh^2 \frac{1}{2} r \mathrm{d}\varphi \\ &= \left(n + \frac{1}{2}\right)\oint_C \sinh^2 \frac{1}{2} r \frac{G}{Y} \nabla_R\left(\frac{X}{G}\right) \cdot \mathrm{d}\mathbf{R}\end{aligned} \tag{5.75}$$

此系统的参量空间为 $\mathbf{R} = \{X(t), Y(t), w(t)\}$，其中 $X(t) = G(t)\sin\varphi(t)$，$Y(t) = G(t)\cos\varphi(t)$，而 C 为此空间的闭合路径。上式与§5.2.1节中得到的方程(5.46)完全一致。

随后，使用绝热条件，可以得到二维空间 Berry 相的解析解

$$\gamma_n(T) = \left(n + \frac{1}{2}\right)\frac{w - \sqrt{w^2 - 4G^2}}{\sqrt{w^2 - 4G^2}}\pi \tag{5.76}$$

由此可以看出，Berry 相仅仅依赖于哈密顿量中的含时参数。

5.3 周期驱动二维各向异性谐振子的量子—经典轨道和几何相

本节在谐振子量子理论、经典 Hannay 角、量子 Berry 相以及二维中心势场量子—经典对应理论的基础上，分别讨论二维各向异性谐振子的量子—经典几何相和轨道的对应关系，这里采用含时正则变换得到 SU(1, 1)周期驱动二维各向异性谐振子的经典轨道即稳定 Lissajous 图形和经典几何相即 Hannay 角。另外，通过广义规范变换，解析推导出二维周期驱动各向异性谐振子的量子波函数。通过计算，我们发现原规范中的量子 Berry 相与经典非绝热 Hannay 角的对应关系，利用自旋相干态，得到波函数的几率云很好地局域于经典轨道上。

5.3.1 二维各向异性谐振子的经典轨道方程和量子波函数

对于二维各向异性谐振子，哈密顿量为

$$H(x, y, t) = \frac{w_x}{2}(p_x^2 + x^2) + \frac{w_y}{2}(p_y^2 + y^2) \tag{5.77}$$

其中 w_x，w_y 分别是 x，y 方向的谐振子的振动频率。

所以，很容易写出二维各向异性谐振子的经典轨道方程为

$$\begin{aligned}x &= x_0\cos(w_x t + \varphi_0) \\ y &= y_0\cos(w_y t + \theta_0)\end{aligned} \tag{5.78}$$

其中 x_0，y_0 和 φ_0，θ_0 分别为 x，y 方向的振幅和初始相位。若 w_x，w_y 拥有共同的频率 ω，且满足 $w_x/w_y = q/p$，q，p 都是整数，则相应地轨道方程变为

$$x = x_0\cos\left(q\omega t - \frac{\varphi}{p}\right)$$
$$y = y_0\cos(p\omega t) \tag{5.79}$$

其中 $\varphi = p\varphi_0 - q\theta_0$，此处考虑 $\theta_0 = 0$。在二维平面空间，$x - y$ 合成后的振动图形，就是众所周知的 Lissajous 图形。

接着，将方程(5.77)量子化，写成算符的形式

$$\hat{H}(x,\ y,\ t) = -\frac{1}{2}\frac{\partial}{\partial^2 x} - \frac{1}{2}\frac{\partial}{\partial^2 y} + \frac{w_x^2 x^2}{2} + \frac{w_y^2 y^2}{2} \tag{5.80}$$

定态薛定谔方程为

$$\left[-\frac{1}{2}\frac{\partial}{\partial^2 x} - \frac{1}{2}\frac{\partial}{\partial^2 y} + \frac{w_x^2 x^2}{2} + \frac{w_y^2 y^2}{2}\right]\psi(x,\ y) = E\psi(x,\ y) \tag{5.81}$$

通过分离变量

$$\psi(x,\ y) = \psi_x(x)\psi_y(y) \tag{5.82}$$

代方程(5.82)入(5.81)中，很容易得到定态薛定谔方程的本征波函数

$$\psi_{n_x,\ n_y}(x,\ y) = \sqrt{\frac{\sqrt{w_x w_y}}{2^{n_x+n_y}\pi n_x!\ n_y!}}\mathrm{e}^{-\frac{w_x^2x^2+w_y^2y^2}{2}}H_{n_x}\left(\sqrt{w_x}x\right)H_{n_y}\left(\sqrt{w_y}y\right) \tag{5.83}$$

相应地本征值为

$$E_{n_x,\ n_y} = \left(n_x + \frac{1}{2}\right)w_x + \left(n_y + \frac{1}{2}\right)w_y \tag{5.84}$$

5.3.2　SU(1, 1)周期驱动含时谐振子的经典轨道和经典 Hannay 角

本部分是基于文献[29]，模型为：考虑周期驱动二维各向异性含时谐振子的哈密顿量，研究模型的哈密顿量包含两部分形式为：$H(x,\ y,\ t) = H_x(x,\ t) + H_y(y)$，其中 $H_x(x,\ t)$ 为 x 方向的含时谐振子，$H_y = w_y(p_y^2 + y^2)/2$ 是一频率为 ω（常数），沿 y 方向振动的不含时谐振子，即普通谐振子。在本书中，我们采用自然单位 $\hbar = 1$，所以哈密顿量中的坐标 y 和动量 p_y 都是无量纲的变量[37]。

在 x 方向，我们采用 SU(1, 1)含时谐振子，哈密顿量为

$$\hat{H}_x(x,\ p_x,\ t) = \frac{E}{4}(x^2 + p_x^2) + \frac{G}{2}\left[\cos\varphi(t)\,(x^2 - p_x^2) + \sin\varphi(t)\,(xp_x - p_x x)\right] \tag{5.85}$$

其中 E 和 G 分别是两个频率参数，$\varphi(t) = \omega t$，ω 是驱动频率。因此，H_x 描述的是一周期驱动的谐振子。下面我们通过含时正则变换，得到周期驱动谐振子 x 方向的经典运动方程。

首先，构造如下的正则变换关系

$$
\begin{aligned}
x &= [\cosh s + \beta \sinh s] X + \alpha \sinh s P_X \\
p_x &= \alpha \sinh s X + [\cosh s - \beta \sinh s] P_X
\end{aligned} \tag{5.86}
$$

其中 $\alpha = \sin\varphi$，$\beta = \cos\varphi$，$\sinh s$，$\cosh s$ 是待定双曲函数。

在相空间中，$L'_X(X,\ P_X) = P_X\dot{X} - H'_X(X,\ P_X,\ t)$ 为正则变换后的新拉氏量，$L_x(x,\ p_x) = p_x\dot{x} - H_x(x,\ p_x,\ t)$ 为变换前的旧拉氏量。由经典力学理论可知，对于给定系统的运动方程，拉氏量并不唯一，我们可以加任意一时空函数对时间的全导数，发现运动方程不变。所以，新旧拉氏量之间存在如下关系

$$
L'_X(X,\ P_X) = L_x(x,\ p_x) + \frac{\mathrm{d}F(X,\ P_X,\ t)}{\mathrm{d}t} \tag{5.87}
$$

即对于相空间中的所有轨道，变量之间满足以下的关系

$$
P_X\dot{X} - H'_X(X,\ P_X,\ t) = p_x\dot{x} - H_x(x,\ p_x,\ t) + \frac{\mathrm{d}F(X,\ P_X,\ t)}{\mathrm{d}t} \tag{5.88}
$$

由方程(5.88)可知，要得到正则变换后的哈密顿量，求解生成函数对时间的全导数是问题的关键。接下来，生成函数对时间的全导数或全微分，可用偏微分表示出来，即

$$
\frac{\mathrm{d}F(X,\ P_X,\ t)}{\mathrm{d}t} = \frac{\partial F}{\partial X}\dot{X} + \frac{\partial F}{\partial P_X}\dot{P}_X + \frac{\partial F}{\partial t} \tag{5.89}
$$

显然，生成函数的偏导数为

$$
\begin{aligned}
\frac{\partial F}{\partial X} &= P_X - p_x \frac{\partial x}{\partial X} \\
\frac{\partial F}{\partial P_X} &= - p_x \frac{\partial x}{\partial X}
\end{aligned} \tag{5.90}
$$

因此，在新相空间 $(X,\ P_X)$ 中的，广义规范变换后的哈密顿量可写为

$$
H_X(X,\ P_X,\ t) = H_x(x,\ p_x,\ t) - p_x \frac{\partial x}{\partial t} - \frac{\partial F}{\partial t} \tag{5.91}
$$

下面写出正则变换关系式(5.86)的逆变换关系式：

$$
\begin{aligned}
X &= [\cosh s - \beta \sinh s]\, x - \alpha \sinh s p_x \\
P_x &= - \alpha \sinh s x + [\beta \sinh s + \cosh s]\, p_x
\end{aligned} \tag{5.92}
$$

将正则变换关系式(5.86)和逆变换关系式(5.92)代入方程(5.90)中，可得

$$
\begin{aligned}
\frac{\partial F}{\partial X} &= P_X - p_x \frac{\partial x}{\partial X} = \left(-\frac{\alpha}{2}\sinh 2s - \alpha\beta \sinh s\right) X - \alpha^2 \sinh^2 s P_X \\
\frac{\partial F}{\partial P_X} &= - p_x \frac{\partial x}{\partial X} = - \alpha^2 \sinh s X + \left(-\frac{\alpha}{2}\sinh 2s + \alpha\beta\ \sinh^2 s\right) P_X
\end{aligned} \tag{5.93}
$$

最后，我可以很容易地写出正则变换的生成函数，

$$F(X,\ P_X,\ t)=\left(-\frac{\alpha}{2}\sinh 2s-\alpha\beta\sinh^2 s\right)\frac{X^2}{2}-\alpha^2\sinh^2 sXP_X \\ +\left(-\frac{\alpha}{2}\sinh 2s+\alpha\beta\sinh^2 s\right)\frac{P_X^2}{2} \tag{5.94}$$

这里的含时正则变换也称之为含有生成函数 $F(X,\ P_X,\ t)$ 的广义规范变换（GGT）。其中，双曲正弦函数为

$$\sinh 2s=\frac{2G}{\Delta} \tag{5.95}$$

这里的 $\Delta=\sqrt{(E+\omega)^2-4G^2}$ 。

最后，周期驱动含时谐振子的哈密顿量在新相空间 $(X,\ P_X)$ 中，变成了一个不含时的谐振子

$$H'_X(X,\ P_X)=\frac{\Omega}{2}(X^2+P_X^2) \tag{5.96}$$

有效频率为

$$\Omega=\frac{1}{2}\left[\frac{(E+\omega)^2+4G^2}{\Delta}-\omega\right] \tag{5.97}$$

显然，在新相空间，周期驱动的谐振子变为二维各向异性普通的谐振子，一般解可写为 $X=X_0\cos(\Omega t+\varphi_0)$ ，$y=y_0\cos(wt+\theta_0)$ ，其中 X_0，y_0 和 φ_0，θ_0 分别是 x 轴和 y 轴分振动的振幅和初始相位。在 $X-y$ 空间，谐振子合振动的运动轨迹就是众所周知的 Lissajous 图形[38,39]。图 5.1–5.4 中的黑实线，分别描绘的是初相位 $\theta_0=0$，$\varphi_0=0$，$0.25\pi/m$，$0.5\pi/m$，π/m；频率比值分别为 $\Omega/w=n/m=1/2$；$1/3$；$3/4$；$2/5$ 的经典周期轨道。

接着，我们通过考虑含时谐振子的作用量–角变量，求得系统的经典 Hannay 角，经典力学中的 Hannay 角通常都是从正则变量 $(X,\ P_X)$ 到作用量–角变量 $(I,\ \Theta)$ 进行正则变换的过程中产生的，例如

$$X(I,\ \Theta)=\sqrt{2I}\sin\Theta,\ P_X(I,\ \Theta)=\sqrt{2I}\cos\Theta \tag{5.98}$$

通过方程(5.98)，哈密顿量 $H'(X,\ P_X)$ 变成了以作用量–角变量为变量的函数，即 $H'_X(I,\ \Theta)=I\Omega$ ，且满足正则方程

$$\dot{\Theta}=\partial H'_X(I,\ \Theta)/\partial I=\Omega$$

$$\dot{I}=0$$

将方程(5.98)代替方程(5.86)中的 $X(I,\ \Theta)$ ，$P_X(I,\ \Theta)$ ，这样我们就可以得到从原始变量 $(x,\ p_x)$ 到作用量–角变量 $(I,\ \Theta)$ 的正则变换

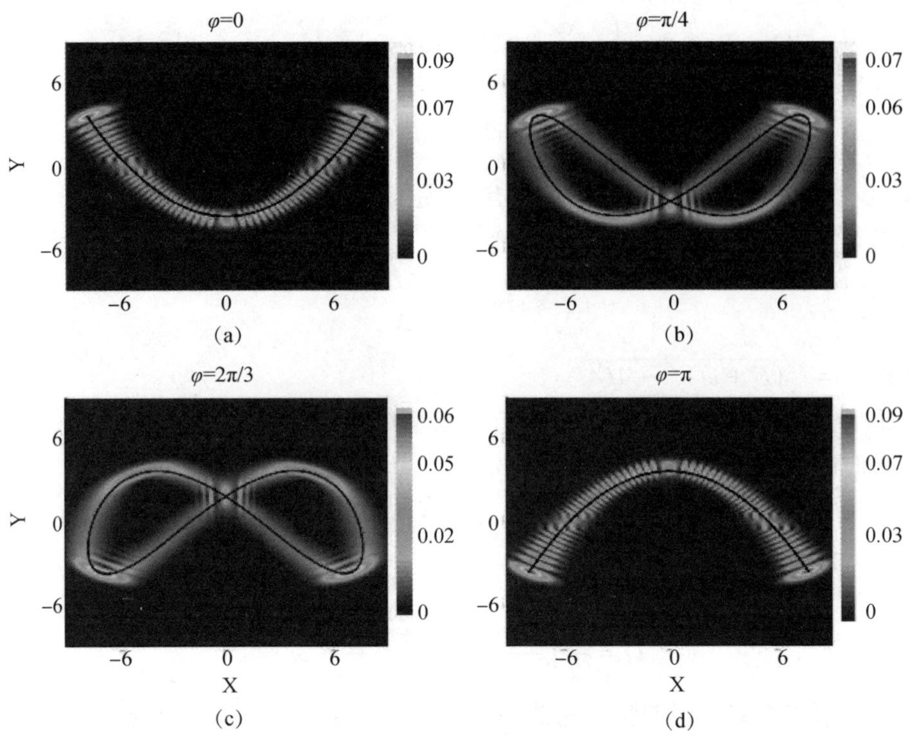

图 5.1　表示叠加态 $N=30$，可调参数 $\delta_X=-0.06$，$\delta_y=-0.28$，频率比 $m:n=2:1$ 的几率密度 $|\Psi_N^{m,n}(X, y, \varpi, w_y, \tau)|^2$ 分布和经典轨道(黑色实线)对应图，初相位分别为(a) $\varphi=0$，(b) $\varphi=0.25\pi$，(c) $\varphi=2\pi/3$，(d) $\varphi=\pi$

此图选自 JunLi Xin, J-Q Liang, Phys. Scr. 90, 2015

$$\begin{aligned} x(I, \Theta) &= \sqrt{2I}\,[(\cosh s+\beta\sinh s)\sin\Theta+\alpha\sinh s\cos\Theta] \\ p_x(I, \Theta) &= \sqrt{2I}\,[\alpha\sinh s\sin\Theta+(\cosh s-\beta\sinh s)\cos\Theta] \end{aligned} \tag{5.99}$$

SU(1, 1)周期驱动系统哈密顿量 $H_x(x, p_x, t)$ 演化一个周期 $T=2\pi/\omega$ 后，得到的经典 Hannay 角为

$$\Delta\theta_H=-\frac{\partial}{\partial I}\left\langle\int p_x(I, \Theta)\,\mathrm{d}x(I, \Theta)\right\rangle_\Theta=2\pi\sinh^2 s=\pi\left[\frac{(E+\omega)}{\Delta}-1\right] \tag{5.100}$$

5.3.3　量子态和 Berry 相

二维各向异性含时谐振子的哈密顿算符可写为 $\hat{H}=\hat{H}_x+\hat{H}_y$，其中 $\hat{H}_y=w(\hat{a}_2^\dagger a_2+1/2)$，本征态 $\hat{a}_2^\dagger\hat{a}_2|n_y\rangle=n_y|n_y\rangle$。使用下列算符变换

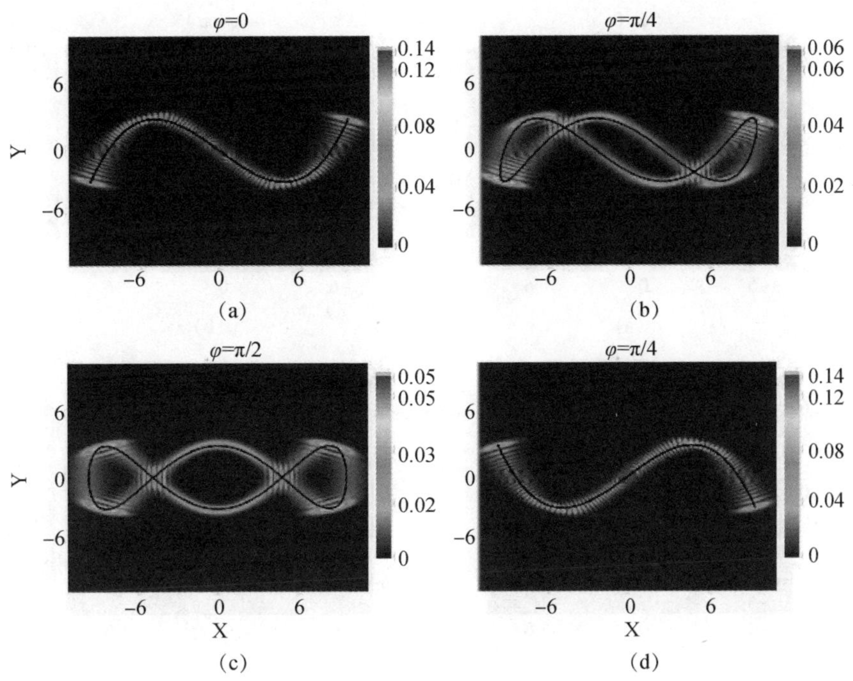

图 5.2　表示频率比 $m:n=3:1$ 叠加态 $N=30$，可调参数 $\delta_X=-0.06$，$\delta_y=-0.18$ 的几率密度分布和经典轨道(黑色实线)对应图，初相位分别为 (a) $\varphi=0$，(b) $\varphi=0.25\pi$，(c) $\varphi=\pi/2$，(d) $\varphi=\pi$

此图选自 JunLi Xin, J-Q Liang, Phys. Scr. 90, 2015

$$\begin{aligned} \hat{K}_0 &= \frac{1}{4}[\hat{X}^2+\hat{P}_X^2], \\ \hat{K}_x &= \frac{1}{4}[\hat{X}^2-\hat{P}_X^2], \\ \hat{K}_y &= \frac{1}{4}(\hat{X}\hat{P}_X+\hat{P}_X\hat{X}) \end{aligned} \tag{5.101}$$

x 方向的哈密顿算符则变为

$$\hat{H}_x = E\hat{K}_0 + G[\hat{K}_+e^{i\varphi}+\hat{K}_-e^{-i\varphi}] \tag{5.102}$$

这里的 $\hat{K}_\pm=\hat{K}_x\mp i\hat{K}_y$。很容易证明算符 $\hat{K}_0$，$\hat{K}_\pm$ 满足 $SU(1,1)$ 对易关系，即

$$[\hat{K}_0,\hat{K}_\pm]=\pm\hat{K}_\pm,\qquad [\hat{K}_+,\hat{K}_-]=-2\hat{K}_0 \tag{5.103}$$

将自旋相干态变换方程中的自旋算符 $\hat{S}_+$ 和 $\hat{S}_-$ 分别用 $\hat{K}_+$ 和 $\hat{K}_-$ 代替，即

$$\hat{S}_+\rightarrow\hat{K}_+\;\hat{S}_-\rightarrow\hat{K}_-$$

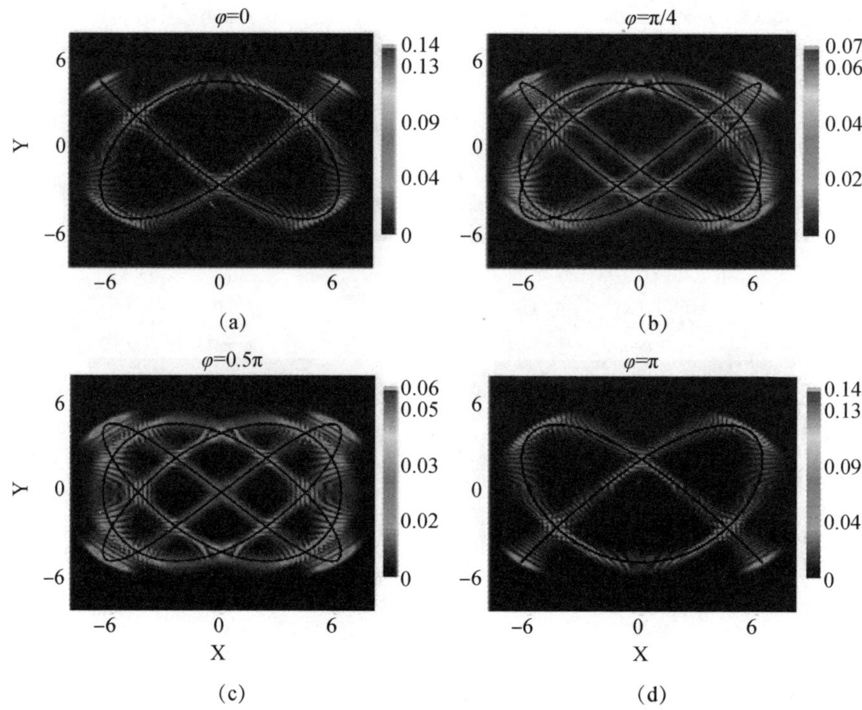

图 5.3 表示频率比 $m:n=4:3$，叠加态 $N=30$，可调参数 $\delta_X=-0.06$，$\delta_y=-0.08$ 的几率密度分布和经典轨道(黑色实线)对应图，初相位分别为 (a) $\varphi=0$，(b) $\varphi=0.25\pi$，(c) $\varphi=\pi/2$，(d) $\varphi=\pi$

此图选自 JunLi Xin, J-Q Liang, Phys. Scr. 90, 2015

自旋变换算符 $\hat{\Omega}$，则变为含时幺正变换 $\hat{U}$ [35,36]

$$\hat{U}=e^{-\frac{\eta}{2}(\hat{K}_+e^{i\varphi(t)}-\hat{K}_-e^{-i\varphi(t)})} \tag{5.104}$$

η 是待定系数。在新规范中，含时薛定谔方程变为

$$i\frac{\partial}{\partial t}\mid\psi'(t)\rangle=\hat{H}'_x\mid\psi'(t)\rangle \tag{5.105}$$

在新规范中的波函数变为

$$\mid\psi'(t)\rangle=\hat{U}\mid\psi(t)\rangle$$

哈密顿量为

$$\hat{H}'_x=-i\hat{U}\frac{\partial}{\partial t}\hat{U}^{\dagger}+\hat{U}\hat{H}_x\hat{U}^{\dagger} \tag{5.105}$$

在量子力学中，这种变换称之为广义规范变换。从方程(5.105)可以看出广义规范变换下，薛定谔方程的形式保持不变。

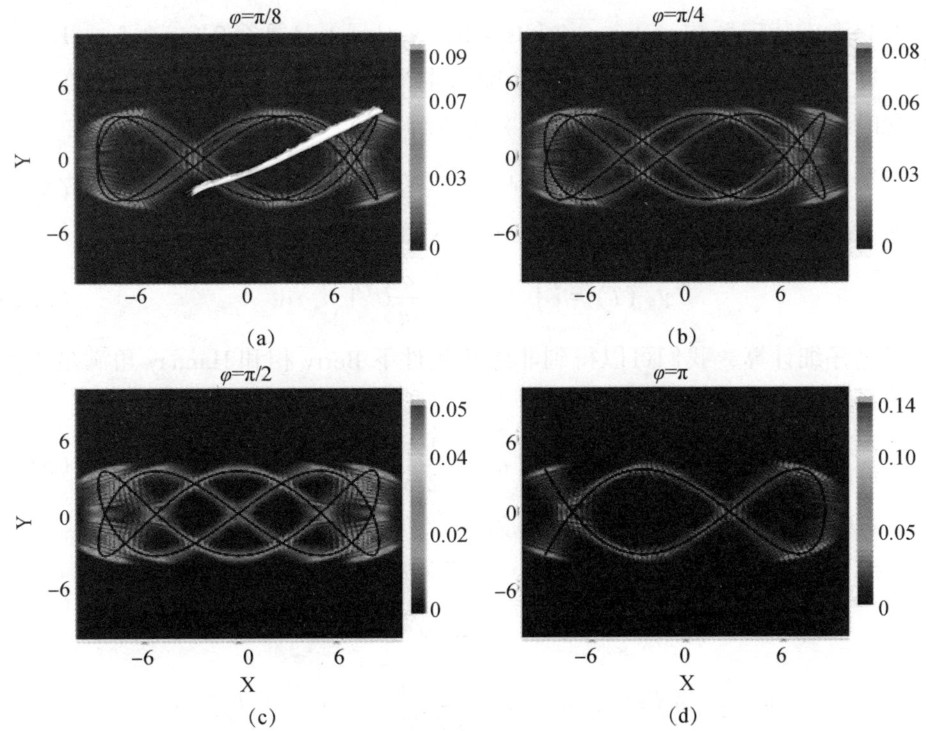

图 5.4　表示频率比 $m:n=5:2$ 叠加态 $N=30$，可调参数 $\delta_X=-0.06$，$\delta_y=-0.08$ 的几率密度分布和经典轨道(黑色实线)图初相位分别为 (a) $\varphi=\pi/8$，(b) $\varphi=0.25\pi$，(c) $\varphi=2\pi/3$，(d) $\varphi=\pi$

此图选自 JunLi Xin, J-Q Liang, Phys. Scr. 90, 2015

通过下面的变换关系

$$\hat{U}\hat{K}_+\hat{U}^\dagger=\hat{K}_+\cosh^2(\eta/2)+\hat{K}_-\mathrm{e}^{-2i\varphi(t)}\sinh^2(\eta/2)+2\hat{K}_0\mathrm{e}^{-i\varphi(t)}\sinh\eta$$

$$\hat{U}\hat{K}_-\hat{U}^\dagger=\hat{K}_-\cosh^2(\eta/2)+\hat{K}_+\mathrm{e}^{2i\varphi(t)}\sinh^2(\eta/2)+2\hat{K}_0\mathrm{e}^{i\varphi(t)}\sinh\eta$$

$$\hat{U}\hat{K}_0\hat{U}^\dagger=\hat{K}_0\cosh\eta+\frac{1}{2}(\hat{K}_+\mathrm{e}^{i\varphi(t)}+\hat{K}_-\mathrm{e}^{-i\varphi(t)})\sinh\eta$$

$$i\hat{U}\frac{\partial}{\partial t}\hat{U}^\dagger=-2\hat{K}_0\frac{d\varphi(t)}{\mathrm{d}t}(\hat{K}_+\mathrm{e}^{i\varphi(t)}+\hat{K}_-\mathrm{e}^{-i\varphi(t)})\sinh\eta$$

我们得到新规范下的哈密顿量是一个不含时、有效频率为 $\hat{H}=\hat{H}_x+\hat{H}_y$ 的谐振子，这与经典谐振子经过正则变换后得到谐振子的情况完全相同，即

$$\hat{H}'_x=2\Omega\hat{K}_0 \tag{5.106}$$

如果考虑待定系数 $\sinh\eta = \sinh 2s = 2G/\Delta$ ，$|n_x\rangle$ 是算符 $2\hat{K}_0 = \hat{a}_1^\dagger\hat{a}_1 + 1/2$ 的本征态，即 $\hat{a}_1^\dagger\hat{a}_1 | n_x\rangle = n_x | n_x\rangle$ ，那么能量本征值 $E_{n_x} = (n_x + 1/2)\Omega$ 。在原规范中，含时薛定谔方程对于本征态 $|n_x\rangle$ 的特解 $|\psi_{n_x}\rangle$ 很容易写出[40-42]

$$|\psi_{n_x}\rangle = \mathrm{e}^{-i\int\langle n_x|\hat{U}\hat{H}_x\hat{U}^\dagger - i\hat{U}\frac{\partial}{\partial\tau}\hat{U}^\dagger|n_x\rangle d\tau}\hat{U}^\dagger | n_x\rangle \tag{5.107}$$

本征态 $|n_x\rangle$ 含时演化一个周期 $T = 2\pi/\omega$ 后的 Berry 相为

$$\gamma_{n_x}(T) = i\int_0^T \langle n_x | \hat{U}\frac{\partial}{\partial t}\hat{U}^\dagger | n_x\rangle \mathrm{d}t \tag{5.108}$$

经过仔细计算，我们可以得到非绝热条件下 Berry 相和 Hannay 角满足文献给出的关系

$$\gamma_{n_x} = \left(n_x + \frac{1}{2}\right)\Delta\theta_H \tag{5.109}$$

所以，二维各向异性谐振子的本征态为

$$\psi'_{n_x}(X,\ \Omega) = \langle X|n_x\rangle = \sqrt{\frac{\sqrt{\Omega}}{2^{n_x}\sqrt{\pi}\,n_x!}}\mathrm{e}^{-\frac{\Omega X^2}{2}}H_{n_x}(\sqrt{\Omega}X) \tag{5.110}$$

$$\psi_{n_y}(y,\ w) = \langle y|n_y\rangle = \sqrt{\frac{\sqrt{w}}{2^{n_y}\sqrt{\pi}\,n_y!}}\mathrm{e}^{-\frac{wy^2}{2}}H_{n_y}(\sqrt{w}y) \tag{5.111}$$

这里的 $H_n(\cdots)$ 是厄密多项式。

5.3.4 量子—经典轨道对应

二维各向异性谐振子的波函数，可以表示成两个坐标轴波函数的直积形式，即

$$\psi_{n_x,\ n_y}(X,\ y) = \sqrt{\frac{\Omega^{1/2}w^{1/2}}{2^{n_x+n_y}\pi n_x!\ n_y!}}\mathrm{e}^{-\frac{\Omega X^2+wy^2}{2}}H_{n_x}(\Omega^{1/2}X)H_{n_y}(w^{1/2}y) \tag{5.112}$$

相应能量的本征值为 $E_{n_x,\ n_y} = \Omega(n_x + 1/2) + w(n_y + 1/2)$ 。当两个方向频率的比值满足 $\Omega : w = n : m$，(m，n 是整数，且 $m > n$) 时，使用同一波函数 $\psi^{m,\ n}_{n_x,\ n_y}(X,\ y)$ 表示 N+1 个能量本征态，其中 $n_x = mk$ ，$n_y = n(N-k)$ ，$k = 0,\ 1,\ 2,\ \cdots,\ N$ 是简并度。因此，系统的能量的本征值为

$$E_N = (mN + 1/2)\Omega + w/2 \tag{5.113}$$

无论怎样，即使在大量子数极限下，传统的本征态 $\psi_{n_x,\ n_y}(x,\ y)$ 也不能很好地表示经典周期轨道的特性。所以，我们有必要构造一宏观量子态(稳定态)与经典轨道相对应。研究过程，我们发现与 Lissajous 经典轨道有关的波函数也是一简并本征态，可以通过使用类似于 SU(2) 相干态的形式构造(参照第一章)，且

构造的宏观量子态的几率云的空间分布与经典轨道完全一致。对于二维各向异性谐振子，通过自旋相干态叠加的 Dicke 形式方程，取 $\theta=\pi/2$，$|s, m\rangle$ 为 $\psi^{m,n}_{mk,n(N-k)}(X, y, \Omega, w)$，可以得到与经典轨道相对应的稳定 SU(2) 相干态[43]

$$\Psi^{m,n}_{N}(X, y, \Omega, w, \tau)=\frac{1}{(1+|\tau|^2)^{N/2}}\sum_{k=0}^{N}\binom{N}{k}^{1/2}\tau^k\psi^{m,n}_{mk,n(N-k)}(X, y, \Omega, w) \tag{5.114}$$

这里 $\tau=e^{i\varphi}$ 是一个复参数，与初相位 $\varphi=m\varphi_0-n\theta_0$ 有关。图 5.1–5.4 分别显示了 $N=30$，$\varphi=0$，0.25π，0.5π，π 和 $m:n=2:1$，$3:1$，$4:3$，$5:2$ 的几率密度空间分布。通过调整 X，y 方向的轨道振幅，我们可以得到 SU(2) 相干态的几率密度分布与 Lissajous 图像完全一致。

$$\begin{aligned} X_0&=\sqrt{2\langle\hat{X}^2\rangle}+\delta_X \\ y_0&=\sqrt{2\langle\hat{y}^2\rangle}+\delta_y \end{aligned} \tag{5.115}$$

这里 $\langle\hat{Q}^2\rangle=\langle\Psi^{m,n}_N|\hat{Q}^2|\Psi^{m,n}_N\rangle$，$\hat{Q}=\hat{X}$，$\hat{y}$ 表示坐标平方的平均值，$\gamma_{n_x}(T)=\lambda T+i\int_0^T\langle n_x|\hat{U}\frac{\partial}{\partial t}\hat{U}^{\dagger}|n_x\rangle \mathrm{d}t=0$ 是一参数，调整 Lissajous 经典与量子图像。图 5.1–5.4 表明每一种情况波函数的几率云都很好地局域于经典轨道上，量子—经典完全对应。

因此，本征值为 E_{n_x} 的含时薛定谔方程解被简化为

$$\psi'_{n_x}(X, \Omega, t)=\psi_{n_x}'(X, \Omega)e^{-iE_{n_x}t} \tag{5.116}$$

最后，通过规范变换的逆变换，可以求得原规范薛定谔方程的波函数

$$\psi_{n_x}(X, \Omega, t)=\hat{U}^{\dagger}(X, t)\psi'_{n_x}(X, \Omega, t) \tag{5.117}$$

这里的逆变换 $\hat{U}^{\dagger}(X, t)$ 在坐标表象中，可写为

$$\hat{U}^{\dagger}(X, t)=\mathrm{e}^{\frac{\eta}{4}\left[i\left(X^2+\frac{\partial^2}{\partial X^2}\right)\sin\varphi(t)-\left(2X\frac{\partial}{\partial X}+1\right)\cos\varphi(t)\right]} \tag{5.118}$$

所以，返回到原规范，我可以得到本征值为 E_{n_x, n_y} 的二维波函数是

$$\psi_{n_x, n_y}(X, y, \Omega, w, t)=\mathrm{e}^{-iE_{n_x, n_y}t}\sqrt{\frac{\Omega^{\frac{1}{2}}w^{\frac{1}{2}}}{2^{n_x+n_y}\pi n_x!\, n_y!}}$$

$$\mathrm{e}^{-\frac{wy^2}{2}}H_{n_y}(w^{\frac{1}{2}}y)\hat{U}^{\dagger}(X, t)\left[\mathrm{e}^{-\frac{\Omega}{2}X^2}H_{n_x}(\Omega^{\frac{1}{2}}X)\right]$$

总之，通过使用广义规范变换，我们解析求出了周期驱动的二维各向异性谐振子的经典解和量子波函数。特别是，在变换过程中，薛定谔方程的形式不变，但是产生了非绝热经典 Hannay 角和量子 Berry 相，通过计算发现经典 Hannay 角和量子 Berry 相之间存在一定的对应关系。通过使用 SU(2) 相干叠加态，发现波

函数几率云的空间分布与经典轨道一致，满足经典-量子轨道和几何相的对应。

5.4 二维旋转平移谐振子的量子—经典轨道和几何相

本部分内容是基于文献[30]，研究二维旋转平移谐振子，哈密顿量算符包含两部分 $\hat{H}=\hat{H}_x(t)+\hat{H}_y$，其中 $\hat{H}_y=w_y(a_2^+a_2+1/2)$ 是一普通谐振子的哈密顿量，$\hat{H}_x(t)$ 是一旋转平移谐振子，其哈密顿量为

$$H_x=\hat{a}^+\hat{a}\dot{\varphi}(t)+\omega_x[(a^+\mathrm{e}^{-i\varphi(t)}+\alpha^*)\times(a\mathrm{e}^{i\varphi(t)}+\alpha)+1/2] \quad (5.119)$$

其中 w_x，w_y 分别是 x，y 方向的频率，$\hat{a}^+(\hat{a})$ 分别是谐振子的产生(湮灭)算符，α 是任意复数；$\varphi(t)$ 是一个含时参数，且 $\varphi(t)=\omega t$，ω 是旋转平移谐振子的旋转频率。

5.4.1 含时正则变换和经典解

利用谐振子的产生和湮灭算符

$$\hat{a}=\frac{1}{\sqrt{2}}(x+ip_x)\ ,\ \hat{a}^+=\frac{1}{\sqrt{2}}(x-ip_x) \quad (5.120)$$

将方程(5.118)的哈密顿量返回到相空间，可写为

$$H_x(x,\ p_x,\ t)=\frac{(w_x+\dot{\varphi}(t))}{2}(x^2+p_x^2)+\frac{w_x}{\sqrt{2}}x[\alpha\mathrm{e}^{-i\varphi(t)}+\alpha^*\mathrm{e}^{i\varphi(t)}]+\frac{ip_xw_x}{\sqrt{2}}[\alpha^*\mathrm{e}^{i\varphi(t)}-\alpha\mathrm{e}^{-i\varphi(t)}]+|\alpha|^2w_x-\frac{\dot{\varphi}(t)}{2} \quad (5.121)$$

构造如下正则变换

$$\begin{aligned}p_x&=\sin\varphi(t)X+\cos\varphi(t)P_X\\x&=\cos\varphi(t)X-\sin\varphi(t)P_X\end{aligned} \quad (5.122)$$

同样利用广义规范变换，$L(x,\ \dot{p})$ 和 $L(X,\ \dot{P}_X)$ 分别是变换前和变换后的拉氏量，它们仅差一个时空函数对时间的全导数，同时利用生成函数和相空间坐标之间的关系，得到含时平移谐振子系统的生成函数为

$$F=-\frac{1}{4}\sin(2\varphi(t))X^2+\sin\varphi(t)XP_X+\frac{1}{4}\sin(2\varphi(t))P_X^2+\frac{i}{2}\cos^2\varphi(t)-\frac{\varphi(t)}{2} \quad (5.123)$$

由广义规范变换，我们发现变换后的谐振子是一不含时的普通谐振子，满足

$$H'_X = \frac{\omega_x}{2}(X'^2 + P'^2_X) \tag{5.124}$$

其中 X' 和 P'_X 是无量纲变量，

$$\begin{aligned} X' &= X + \frac{1}{\sqrt{2}}(\alpha + \alpha^*) \\ P'_X &= P_X + \frac{i}{\sqrt{2}}(\alpha^* - \alpha) \end{aligned} \tag{5.125}$$

在新的坐标空间 (X', y)，二维旋转平移谐振子变成了普通的各向异性谐振子。众所周知，具有共同频率二维各向异性谐振子的运动轨道是著名的 Lissajous 图像。

5.4.2 作用量-角变量、经典几何相

由经典力学知识可知，经典几何相都是由正则变量到作用量-角变量进行正则变换的过程中产生的，如果 $X'(I, \theta) = \sqrt{2I}\sin\theta$，$P'_X = \sqrt{2I}\cos\theta$，则哈密顿量就变成了以作用量-角变量为变量的函数，即 $H_0(I, \theta) = I\omega_x$，且满足正则方程

$$\dot{\theta} = \frac{\partial H_0(I, \theta)}{\partial I}, \quad \dot{I} = 0 \tag{5.126}$$

利用给出的变量之间的关系，很容易得到从原始变量到作用量-角变量之间总的正则变换关系，可表示为

$$p_x = -\sin\varphi(t)\left[\sqrt{2I}\sin\theta - \frac{1}{\sqrt{2}}(\alpha + \alpha^*)\right] + \cos\varphi(t)\left[\sqrt{2I}\cos\theta - \frac{i}{\sqrt{2}}(\alpha^* - \alpha)\right] \tag{5.127}$$

$$x = \cos\varphi\left[\sqrt{2I}\sin\theta - \frac{1}{\sqrt{2}}(\alpha + \alpha^*)\right] + \sin\varphi\left[\sqrt{2I}\cos\theta - \frac{i}{\sqrt{2}}(\alpha^* - \alpha)\right] \tag{5.128}$$

因此，旋转平移谐振子的哈密顿量演化一个周期的经典几何相，即 Hannay 角为

$$\begin{aligned} \Delta\theta(I, C) &= -\frac{\partial}{\partial I}\oint_C \langle p_x(I, \theta, \varphi(t))\, d_\varphi x(I, \theta, \varphi(t))\rangle_\theta \\ &= -2\pi \end{aligned} \tag{5.129}$$

这里的 $\langle\cdots\rangle_\theta$ 表示对角变量 θ 求平均。

5.4.3 量子几何相

将二维旋转平移谐振子的哈密顿量子化，可得到 $\mathbf{H} = \mathbf{H}_x(t) + \mathbf{H}_y$，其中 $\mathbf{H}_y = w_y(a_2^+ a_2 + 1/2)$，本征态满足 $a_2^+ a_2 | n_y\rangle = n_y | n_y\rangle$，$x$ 方向的含时薛定谔方程可

写为

$$i\frac{\partial}{\partial t}|\psi(t)\rangle = \mathbf{H}_x(t)|\psi(t)\rangle \tag{5.130}$$

引入幺正算符 $U(\varphi)=e^{-ia^{+}\alpha\varphi(t)}$，且满足 $U^{+}U=1$。对方程(5.129)做广义规范变换 $|\psi'\rangle = U|\psi\rangle$，其薛定谔方程形式不变，其哈密顿量为

$$\mathbf{H}'_x = U\mathbf{H}_x U^{+} - iU\frac{\partial}{\partial t}U^{+} \tag{5.131}$$

与经典相似，在新规范中的哈密顿算符变成了一个普通的谐振子

$$\mathbf{H}'_X = \left[b^{+}b + \frac{1}{2}\right]w_x \tag{5.132}$$

其中 $b^{+}=a^{+}+\alpha^{*}$，$b=a+\alpha$，量子本征态为 $|n'_x\rangle$，本征值 $E'_{n_x}=(n_x+1/2)w_x$。

返回到原规范中，含时薛定谔方程的通解，很容易写出

$$|\psi\rangle = \sum_n e^{-i\int\delta\langle n_x(t)|\frac{d}{dt}|n_x(t)\rangle dt}e^{-i\gamma_n}|n_x(t)\rangle \tag{5.133}$$

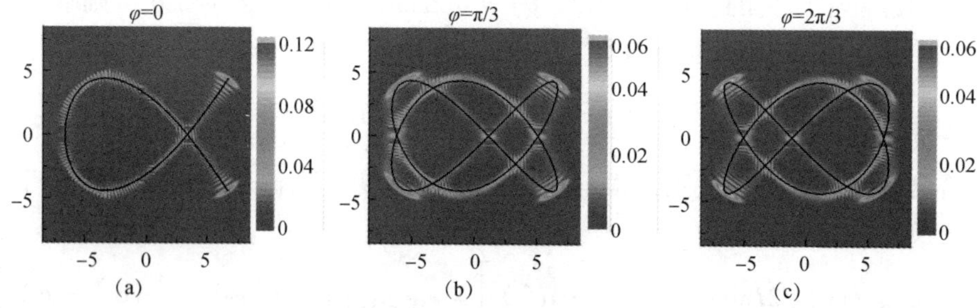

图 5.5　表示叠加态 $N=30$，可调参数 $\delta_X'=-0.08$，$\delta_y=-0.15$，频率比 $m:n=3:2$ 的概率密度分布和经典轨道(黑色实线)图，初相位分别为 (a) $\varphi=0$，(b) $\varphi=\pi/3$，(c) $\varphi=2\pi/3$

此图选自辛俊丽，沈俊霞，物理学报，64(24)，2015：240302

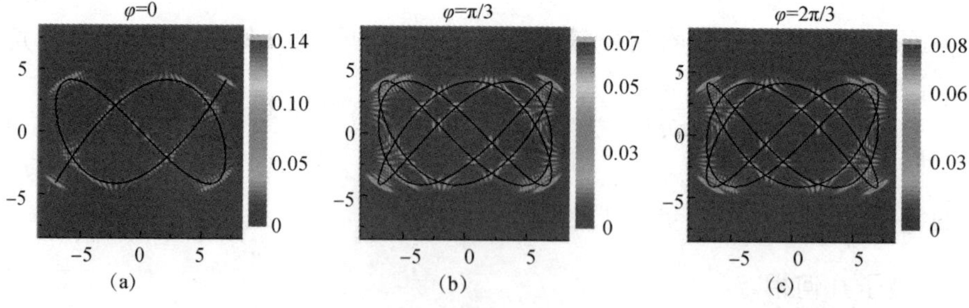

图 5.6　表示叠加态 $N=30$，可调参数 $\delta_X'=-0.06$，$\delta_y=-0.12$，频率比 $m:n=5:3$ 的概率密度分布和经典轨道(黑色实线)图

此图选自辛俊丽，沈俊霞，物理学报，64(24)，2015：240302

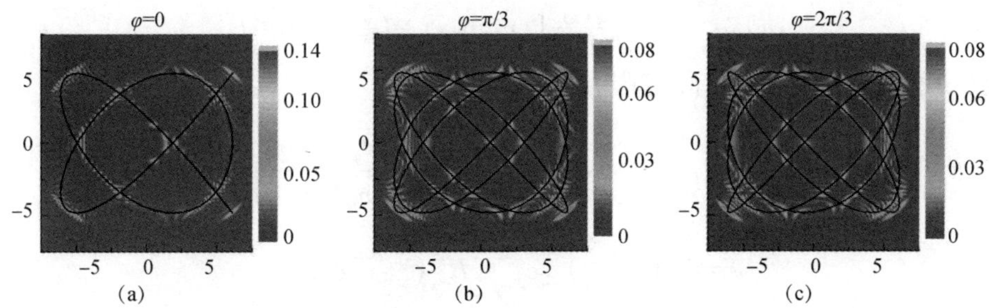

图 5.7　表示叠加态 $N=30$，可调参数 $\delta_X' = -0.03$，$\delta_y = -0.07$，频率比 $m:n=5:4$ 的概率密度分布和经典轨道(黑色实线)图

此图选自辛俊丽，沈俊霞，物理学报，64(24)，2015：240302

演化一个周期后的量子几何相，即 Berry 相为

$$\gamma_n = 2\pi\langle n'_x \mid a^+ a \mid n'_x\rangle \tag{5.134}$$

同样，我可以得到非绝热 Berry 相和经典 Hannay 角之间的对应关系为 $\gamma_n = -n\Delta\theta$，满足含时谐振子 Berry 相和 Hannay 角的对应关系式。

5.4.4　量子—经典轨道对应

在新坐标空间 (X', y) 中，二维各向异性谐振子的波函数，可以表示成两个方向波函数的直积形式，即

$$\psi_{n_x, n_y}(X', y) = \psi'_{n_x}(X', w_x)\psi_{n_y}(y, w_y) \tag{5.135}$$

相应的本征值为

$$E_{n_x, n_y} = w_x(n_x + 1/2) + w_y(n_y + 1/2) \tag{5.136}$$

同样的，当两个方向频率的比值满足 Ω：$w = n$：m，(m，n 是整数，且 $m > n$) 时，使用同一波函数 $\psi^{m, n}_{n_x, n_y}(X, y)$ 表示 $N+1$ 个能量本征态，其中 $n_x = mk$，$n_y = n(N-k)$，$k = 0, 1, 2, \cdots, N$ 是简并度。这里也可使用(5.115)方程，调整 Lissajous 经典与量子图像。图 5.5–5.7 显示了 N=30，初相位 $\varphi = 0$，$\pi\pi/3$，$2\pi/3$ 和 $m:n=3:2$；$5:3$；$5:4$ 时 SU(2) 自旋相干叠加态波函数密度的空间分布与经典轨道的对应关系，我们可以看到波函数的几率云很好地局域于经典轨道上，满足量子—经典对应。

最后，退回到原规范，含时薛定谔方程的一般解可写为

$$\psi'_{n_x}(X', w_x, t) = \psi'_{n_x}(X', w_x)\,\mathrm{e}^{-iE'_{n_x}t} \tag{5.137}$$

通过广义规范变换逆变换和方程(5.137)，得到旋转平移谐振子哈密顿算符 $H_x(t)$ 的波函数

$$\psi_{n_x}(X', w_x, t) = U^{\dagger}(X', t)\psi'_{n_x}(X', w_x, t) \tag{5.138}$$

在坐标表象中，幺正算符可表示为

$$U^{\dagger}(X', t) = \mathrm{e}^{\frac{i\varphi(t)}{2}\left[(X'-\sqrt{2}\mathrm{Re}\alpha)^2-\left(\frac{\partial}{\partial X'}-\sqrt{2}\mathrm{Im}\alpha\right)^2+1\right]} \tag{5.139}$$

因此，我们可以得到含时薛定谔方程，本征值为

$$\begin{aligned} E_{n_x, n_y}(X', y, w_x, w_y, t) &= \mathrm{e}^{-iE_{n_x, n_y}t}\sqrt{\frac{\sqrt{w_x w_y}}{2^{n_x+n_y}\pi n_x!\ n_y!}}\mathrm{e}^{-\frac{w_y y^2}{2}}H_{n_y}\left(\sqrt{w_y}y\right) \\ &= U^{\dagger}(X', t)\left[\mathrm{e}^{-\frac{w_x X'^2}{2}}H_{n_x}\left(\sqrt{w_x}X'\right)\right] \end{aligned} \tag{5.140}$$

总之，通过广义规范变换，我们研究了二维旋转平移谐振子系统中的量子—经典对应，解析推导出其经典解和量子波函数，并得出非绝热 Berry 相是经典 Hannay 角的$-n$倍。除此之外，通过 SU(2) 自旋相干态叠加构造一个宏观量子态，发现波函数的概率云完全局域于经典轨道上，满足几何相位和轨道同时对应。

本章小结

本章在量子谐振子、经典 Hannay 角和量子 Berry 相理论的基础上，通过使用广义规范变换的方法，研究了周期驱动二维各向异性谐振子和旋转平移谐振子势场中经典 Hannay 角和量子 Berry 相、以及量子—经典轨道的对应。得出结论：对于含时的二维各向异性谐振子在广义规范变换过程中，薛定谔方程的形式不变，但是产生了非绝热经典 Hannay 角和量子 Berry 相，通过计算发现经典 Hannay 角和量子 Berry 相之间存在一定的对应关系。通过使用 SU(2) 相干叠加态，发现波函数几率云的空间分布与经典轨道一致，满足经典-量子轨道和几何相的对应。

参考文献

[1] E. Schrödinger. Der stetige übergang Von der Mikro-zur Makromechaink [J]. Naturwissenschaften, 1926, 14: 664.

[2] C. Lena, D. Delande, and J. C. Gay. Wave Functions of Atomic Elliptic States [J]. Europhys. Lett., 1991, 15: 697.

[3] M. S. Kumar and B. Dutta-Roy. Commensurate anisotropic oscillator, SU(2) coherent states and the classical limit[J]. J. Phys. A, 2008, 41: 075306.

[4] Y. F. Chen, T. H. Lu, K. W. Su and K. F. Huang. Devil's staircase in three-dimensional coherent waves localized on Lissajous parametric surfaces [J]. Phys. Rev. Letts., 2006, 96: 213902.

[5] T. H. Lu, Y. C. Lin, Y. F. Chen, and K. F. Huang. Three-dimensional coherent

optical waves localized on trochoidal parametric surfaces[J]. Phys. Rev. Letts., 2008, 101: 233901.

[6] Y. F. Chen. Geometry of classical periodic orbits and quantum coherent states in coupled oscillators with SU(2) transformations[J]. Phys. Rev. A, 2011, 83: 032124.

[7] T. H. Lu, Y. F. Chen, and K. F. Huang, Generation of polarization-entangled optical coherent waves and manifestation of vector singularity patterns[J]. Phys. Rev. E, 2007, 75: 026614.

[8] Jun. Li. Xin and J. -Q. Liang. Rotational symmetry of classical orbits, arbitrary quantization of angular momentum and the role of the gauge field in two-dimensional space[J]. Chin. Phys. B, 2012, 21: 040303.

[9] Jun. Li. Xin and J. -Q. Liang. Exact solutions of a spin-orbit coupling model in two-dimensional central-potentials and quantum-classical correspondence[J]. Sci. China-Phys Mech Astron, 2014, 57: 1504-1510.

[10] 辛俊丽. 带电粒子在二维中心势和磁通中的运动和分数角动量[J]. 量子电子学报, 2012, 29: 406-410.

[11] 辛俊丽，杨悦玲. 中性自旋粒子在二维中心势和均匀磁场中的量子—经典对应[J]. 量子光学学报, 2012, 18: 246-250.

[12] M. Brack. The physics of simple metal clusters: self-consistent jellium model and-semiclassical approaches[J]. Rev. Mod Phys, 1993, 65: 677-732.

[13] W. A. De. Heer. The physics of simple metal clusters: experimental aspects and simple models[J]. Rev. Mod Phys, 1993, 65: 611-676.

[14] G. Giavarini, E. Gozzi, D. Rohrlich and W. D. Thacker. Some connections between classical and quantum anholonomy[J]. Phys. Rev. D, 1989, 39: 3007.

[15] C. Jarzynski. Geometric phase effects for wave-packet revivals[J]. Phys. Rev. Lett., 1995, 74: 1264.

[16] A. K. Pati. Adiabatic Berry phase and Hannay angle for open paths[J]. Ann. Phys, 1998, 270: 178-197.

[17] M. V. Berry, Quantal phase factors accompanying adiabatic[J]. Proc. R. Soc. A, 1984, 392: 45.

[18] B. Simon. Holonomy, the quantum adiabatic theorem, and Berry's phase[J]. Phys. Rev. Lett., 1983, 51: 2167-2170.

[19] Y. Aharonov and J. Anandan. Phase change during a cyclic quantum evolution [J]. Phys. Rev. Lett., 1987, 58: 1593-1596.

[20] F. Wilczek and A. Zee. Appearance of gauge structure in simple dynamical systems[J]. Phys. Rev. Lett., 1984, 52: 2111-2114.

[21] Ady. Stern. Anyons and the quantum Hall effect—A pedagogical review[J]. Ann. Phys, 2008, 223: 204-249.

[22] Lewis H R, Riesenfeld W B. An exact quantum theory of the time-dependent harmonic oscillator and of a charged particle in a time-dependent electromagnetic field[J]. J. Math. Phys, 1969, 10: 1458.

[23] Lewis H R, Class of exact invariants for classical and quantum-dependent harmonic oscillators[J]. J. Math. Phys, 1968, 9: 1976.

[24] J. H. Hannay. Angle variable holonomy in adiabatic excursion of an integrable Hamiltonian[J]. J. Phys. A, 1985, 18: 221.

[25] M. V. Berry, Classical adiabatic angles and quantal adiabatic phase[J]. J. Phys. A, 1985, 18: 15-27.

[26] Jie. Liu, Bambi. Hu and Baowen. Li, Nonadiabatic Geometric Phase and Hannay Angle: A Squeezed State Approach[J]. Phys. Rev. Lett., 1998, 81: 1749.

[27] H. D. Liu, X. X. Yi and L. B. Fu. Berry phase and Hannay's angle in the Born-Oppenheimer hybrid system[J]. Ann. Phys., 2013, 339: 1.

[28] 刘昊迪. 2011 博士学位论文[D]. 大连: 大连理工大学, 2011.

[29] Jun. Li. Xin and J. -Q. Liang. Coincidence of quantum-classical Orbits for periodically driven two-dimensional anisotropic oscillator —Berry Phase and Hannay Angle[J]. Phys. Scr., 2015, 90: 065207.

[30] 辛俊丽, 沈俊霞. 谐振子系统的量子-经典轨道、Berry 相及 Hannay 角[J]. 物理学报, 2015, 64(24): 240302.

[31] 韩萍, 李菲菲. 量子谐振子与经典谐振子的比较[J]. 渤海大学学报, 28(3): 2007.

[32] 曾谨言. 量子力学[M]. 3 版. 北京: 科学出版社, 2001.

[33] J. G Hartley, J. R. Ray, Exact solutions to the time-dependent Schrdinger equation Phys[J]. Rev. D, 1982, 25: 382.

[34] 高孝纯, 许晶波, 钱铁铮. 广义含时谐振子的精确解和 Berry 相因数[J]. 物理学报, 1991, 40(1): 25-31.

[35] Y. Z. Lai, J. -Q Liang, H. J. W. Muller-Kirsten, and Jian-Ge Zhou, Time-dependent quantum system and the invariant Hermitian operator[J]. Phys. Rev. A, 1996, 53: 3691.

[36] 赖云忠, 梁九卿. 哈密顿算符是 SU(1, 1) 和 SU(2) 算子含时线性组合量子

系统的时间演变及厄密不变量[J]. 物理学报, 1996, 45(5): 738-745.

[37] The classical Hamiltonian of harmonic osillator has been written as $H = w(p^2 + x^2)/2$, and p, x become dimensionaless variables.

[38] H. Goldstein. Classical mechanics, 2end ed. MA, Addison-Wesley, Reading, 1980.

[39] Y. F. Chen, T. H. Lu, K. W. Su, and K. F. Huang, Quantum signatures of nonlinear resonances in mesoscopic systems: Efficient extension of localized wave functions[J]. Phys. Rev. E, 2005, 72: 056210.

[40] Y. Z. Lai, J. -Q Liang, H. J. W. Muller-Kirsten, and Jian-Ge Zhou. Time evolution of quantum systems with time-dependent Hamiltonian and the invariant Hermitian operator[J]. J. Phys. A, 1996, 29: 1773.

[41] J. -Q Liang and H. J. W Muller-Kirsten. Time-dependent gauge transformations and Berry's phase[J]. Ann. Phys., 1992, 219: 42.

[42] Y. Z. Lai, J. -Q Liang, H. J. W. Muller-Kirsten, and Jian-Ge Zhou, Time-dependent quantum system and the invariant Hermitian operator[J]. Phys. Rev. A, 1996, 53: 3691.

[43] J. R. Klauder and B. S. Skagerstam. Coherent states applications in physics and mathematical physics[M]. Singapore: World Scientific, 1986.

总结与展望

本书将自旋相干态的方法应用到二维中心势场中，研究了二维中心势场中的量子—经典对应若干问题，最重要的工作就是对于不同的模型，我们精确求解了系统的经典轨道方程、量子薛定谔方程的本征值和简并本征态。并通过 SU(2) 自旋相干态方法通构造了一与经典轨道相对应的宏观量子态，从而得到波函数的几率云很好地局域于经典轨道上，满足量子—经典完全对应，成功解释了相干激光在激光腔中的传播机制，以及与经典周期轨道的一致性。另外一个重要的工作就是通过正则变换和自旋相干态变换研究含时演化量子—经典系统中的几何相，并得到经典系统中的非绝热 Hannay 角和量子系统中 Berry 相完全对应，总结如下：

(1)通过含时正则变换，得到了稳定的经典周期轨道方程，描绘出其轨道图形—Lissajous 图形，并得到经典系统的几何相 Hannay 角。在量子系统中，通过自旋相干态变换，得到不含时的薛定谔方程和解析解，以及 Berry 相。我们发现原规范中 Hannay 角和 Berry 相完全对应。使用 SU(2) 本征态的相干叠加，构造一稳态波函数，其波函数的几率云与经典轨道完全一致。

(2)当带电粒子运动于二维中心势和磁通规范场中时，通过研究封闭和开放两类经典轨道的量子—经典对应，即波函数几率云可被局域于经典轨道上。得出结论：角动量量子化都可被波函数几率云和经典轨道具有完全相同的旋转对称性条件唯一确定，从而得到了角动量谱间隔大于或小于 $\hbar$ 的非整数角动量量子化，相应的轨道旋转对称周期则小于或大于 2π。磁通规范势可以使正则角动量谱平移一磁通量子数，导致所有波函数产生一共同的拓扑相位，但不改变量子化条件。

(3)通过引入一经典自旋变量，分别研究了一中性自旋粒子在均匀磁场和轴对称电场中的量子—经典对应，得到自旋算符在自旋相干态上期待值的时间演化与经典动力学方程完全一致，自旋轨道耦合并不影响经典运动方程，仅仅绕着 z 轴，产生一自旋进动。通过 SU(2) 自旋相干态构造一与经典相对应的稳定的波函数，而且波函数的几率云很好地局域于经典轨道上，量子—经典完全对应。特别值得一提的是，对于轴对称电场，自旋轨道耦合产生了一个有效的非 Abel 规范场，并且展示了非阿贝尔任意子的特性。

总而言之，自旋相干态为研究量子—经典系统中的分数统计和几何相位等，提供了一个非常有效的方法。同时，量子—经典对应为这些传统而又另有新意的研究方向提供了另一视角，对于理解微观粒子的基础理论具有一定的意义。

我们通过研究经典和量子系统的经典轨道，量子波函数和几何相，引入了一套经典系统和量子系统相对应的理论方法，研究了波函数的几率云和经典轨道的对应，自旋的经典运动方程和自旋算符在自旋相干态上期待值的随时间演化的对应，以及几何相的对应。不仅如此，这一理论还可以扩展到量子光学系统中，例如二能级系统中的 J-C 模型，Dicke 模型和 Rabi 模型等。物理学的研究是永无止境的，希望我们的方法和结论能够对研究量子基础理论有所帮助。